Die quantitative Gerbmittelanalyse

Von

Ing. Dr. V. Kubelka
o. ö. Professor der technischen Hochschule in Brünn

und

Ing. Dr. Vl. Němec
erster Assistent und Vertreter des Vorstandes der
staatl. Versuchsanstalt für Lederindustrie in Brünn

Springer-Verlag Berlin Heidelberg GmbH
1930

ISBN 978-3-662-27438-5   ISBN 978-3-662-28925-9 (eBook)
DOI 10.1007/978-3-662-28925-9

Diese Arbeit erschien in ihren Hauptteilen in
der Zeitschrift „**Der Gerber**" im Jahrgang 1929

Die deutsche Übersetzung besorgten
Dir. **A. Arnstein** und Ing. Dr. **O. Krakowetz**

Vorwort

Dieses Buch erschien in tschechischer Sprache im Jahre 1928 als ein Teil der Sammlung: Einheitsvorschriften zur Materialienuntersuchung des Tschechoslowakischen Verbandes zur Prüfung und Testierung von Materialien bei der Masaryks Akademie der Arbeit. Entsprechend dem Zwecke dieser Sammlung wollten wir ursprünglich eine kurzgefaßte Vorschrift zur Durchführung der quantitativen Gerbmittelanalyse für den praktischen Bedarf der Lederchemiker schreiben. Jedoch hat uns die Entwicklung der Verhältnisse in den internationalen Organisationen der Lederchemiker dazu bewogen, daß wir unser Büchlein in etwas anderer Form verarbeitet haben. Die Gründe dafür sind praktischer Natur. Alle Methoden zur Gerbmittelanalyse sind in ihren meisten Teilen rein konventionelle, d. i. verabredete Verfahren. Jede, auch die kleinste Abänderung der Vorschrift hat somit auch eine Änderung der Resultate zur Folge. Weiter unten wird noch ausgeführt, warum es wahrscheinlich ist, daß in den nächsten Jahren in verschiedenen Ländern verschiedene Modifikationen der Analysenvorschriften eingehalten werden. Dadurch ergeben sich Unterschiede in den Resultaten, welche nicht Folge der Unstimmigkeit der Analysendurchführung, sondern Folge der Verschiedenheit der angewandten Methode sind. Zu der richtigen Beurteilung solcher Differenzen und somit auch der Analysenergebnisse im allgemeinen genügt es dem analytischen Chemiker nicht, wenn er nur die Vorschrift zur Durchführung der offiziellen Methode kennt. Aus dem Grunde haben wir in diesem Büchlein nicht nur die eine offizielle internationale Vorschrift, sondern auch andere Vorschriften, welche in den bedeutenderen Ländern Europas für einzelne Bestimmungen benützt werden, angeführt.

Dabei haben wir uns bestrebt, dem analytischen Chemiker zuerst in jedem Falle klar zu legen, welchen chemischen, bzw. physikalischen Sinn die Resultate, die nach verschiedenen Methoden erhalten werden, besitzen. Insbesondere bei der Bestimmung der Gerbstoffe sowie auch der unlöslichen Stoffe erörtern wir zuerst die Deutung dieser Begriffe bei der Analyse. Des weiteren haben wir nicht bloß die Vorschriften für die Einzelbestimmungen wiedergegeben, sondern bei jeder Vorschrift durch ein paar Worte deren Prinzip kritisch klargelegt, den Einfluß der äußeren Bedingungen auf die Resultate gezeigt, sowie auch offen die größere oder kleinere Zweckmäßigkeit des betreffenden Prinzipes für die Zwecke der Gerbmittelanalyse hervorgehoben.

Dadurch wollen wir vor allem dem analytischen Chemiker, welcher sich in die Gerbmittelanalysen einarbeiten will, eine breitere Übersicht des ganzen Problems dieser Analyse gewähren, um ihm die Möglichkeit zu geben, sich selbständig ein Urteil über die Verwendbarkeit der einen oder der anderen Vorschrift in jedem konkreten Falle zu bilden und sich vor Fehlern und Irrtümern bei dem Ziehen der Schlüsse aus den Analysenergebnissen zu hüten.

Wir hoffen, daß dadurch unser Büchlein einen dauernden Wert erhält.

An dieser Stelle scheint es uns zweckmäßig zu sein, einige Worte über die Organisationsverhältnisse der Lederindustriechemiker zu sagen. Es existieren heute drei große und zwei kleine Organisationen der Lederindustriechemiker. Es sind dies:

1. Die Internationale Gesellschaft der Lederindustriechemiker (englisch-französische), zu welcher insbesondere die Gerbereichemiker aus England, Frankreich, Italien, Spanien, Belgien und Rumänien gehören. Dieser Gesellschaft ist als Landessektion die Tschechoslowakische Gesellschaft der Lederindustriechemiker angegliedert.

2. Der Internationale Verein der Lederindustriechemiker (deutsch-holländisch), zu welchem die Chemiker aus Deutschland, Österreich, Ungarn, Holland, Rußland und Skandinavien gehören. Diesem ist der zweite kleine Verband, nämlich der Verein schweizerischer Lederindustriechemiker angegliedert.

3. Die „American Leather chemists association" vereinigt die Chemiker aus den U. S. A.

Die ersten zwei, sogenannten europäischen Gesellschaften, hatten bis zum Jahre 1927 gemeinsame Vorschriften zur Analyse nach der sogenannten offiziellen Schüttelmethode. Diese Vorschrift blieb im Prinzip unverändert, trotz der Unterbrechung der wissenschaftlichen Beziehungen während des Krieges. Neben dieser Methode verwendet man jedoch in Europa sehr oft die sogenannte Filtermethode, nach welcher nur die Vorschrift zur Bestimmung der Nichtgerbstoffe von der früheren abweicht, wobei die Vorschriften für alle anderen Bestimmungen (Unlösliches usw.) gleich bleiben.

Die offizielle Methode der amerikanischen Gesellschaft wurde zwar auch auf dem Prinzipe der Schüttelmethode aufgebaut, die einzelnen Vorschriften waren aber von den europäischen manchmal sehr verschieden (insbesondere was Bestimmung des Unlöslichen, Chromierung des Hautpulvers usw. betrifft).

Seit dem Jahre 1927 vereinigten sich alle oben genannten Organisationen und stellten aus den früheren Vorschriften eine neue zusammen, welche, ebenfalls auf Grund der Schüttelmethode beruhend, vom 1. Januar 1928 die neue internationale offizielle Methode darstellt.

Die allgemeine Anerkennung dieser neuen Methode begegnet in einzelnen Punkten Widerstand nicht nur bei den Gerbereichemikern, sondern auch bei Handel und Industrie.

Es geschieht also trotz der offiziellen Anerkennung der Methode, daß die Gerbmittelanalysen oft nicht **vollkommen** nach deren Vorschriften durchgeführt werden. Insbesondere in der Durchführung der Bestimmung der Nichtgerbstoffe und der Bestimmung des Unlöslichen begegnen wir häufig Unterschieden. Um die daraus sich ergebenden Verwirrungen nach Möglichkeit einzuschränken, soll in jedem Protokoll über die Gerbmittelanalyse vor allem anderen genau angegeben werden:

a) ob die Bestimmung der Nichtgerbstoffe auf Grund der Schüttelmethode mit dem amerikanischen oder mit dem Freiberger Hautpulver geschah,

b) oder ob diese Bestimmung mit Hilfe der sogenannten Filtermethode (mit altchromiertem Freiberger Hautpulver) bewerkstelligt wurde.

Ebenso muß immer angeführt werden, ob die Bestimmung der unlöslichen Stoffe

a) auf Grund der offiziellen Methode mit Hilfe der Filtration durch Papier mit Kaolin, oder

b) durch Filtration mittels der Berkefelder Tonkerzen geschah.

In den weiteren Kapiteln geben wir genaue Vorschriften zur Durchführung aller dieser Arbeitsweisen an. Nachdem der Chemiker einmal eine Methode für seine Analyse gewählt hat, muß er dann die unten angeführten genauen Durchführungsvorschriften ohne jegliche Abänderung einhalten.

Die unten angeführten Vorschriften sind offiziell bindend für die Mitglieder der tschechoslowakischen Gesellschaft der Lederindustriechemiker. Dort, wo sie die einzelnen Teile der offiziellen internationalen Methode beschreiben, sind sie mit den offiziellen internationalen Vorschriften der oben zitierten drei Gesellschaften gleichlautend.

Brünn, im Februar 1930.

V. Kubelka

Inhaltsverzeichnis

Seite

I. Kapitel: **Vorgang bei der Gerbstoffanalyse. Allgemeine Vorschriften** 1
   Allgemeine Vorschriften und Vorrichtungen 3

II. Kapitel: **Das Musterziehen. Das Aufbewahren und Schützen der Muster** 6
   Das Musterziehen............................. 6
   1. Allgemeine Bestimmungen 6
   2. Das eigentliche Musterziehen.............. 6

III. Kapitel: **Bereitung der Analysenlösung** 12
   Natürliche Gerbmittel......................... 12
   Zubereitung des Auszuges aus dem gemahlenen Gerbmittelmuster........................... 13
     a) Destilliertes Wasser...................... 13
     b) Vorrichtungen für das Extrahieren des Gerbmittels................................... 14
     c) Die Art der Auslaugung des Gerbmittels und ihre Bedeutung für die Analyse............ 18
   Gerbextrakte 22
   Feste Extrakte................................ 22
   Flüssige Extrakte 22
   Das Lösen der Extrakte für die Analyse 23

IV. Kapitel: **Spezifisches Gewicht. Gesamttrockensubstanz (Wassergehalt). Lösliche Trockensubstanz (unlösliche Stoffe)** 25
   Bestimmung der Dichte (spezifischen Gewichtes) der Extrakte 25
   Bestimmung des Wassers und der Gesamttrockensubstanz................................... 28
   Unlösliche Stoffe 29
   Begriff und Grundsatz der Bestimmungsmethode 29
   Das Filtrieren der Analysenlösung nach der internationalen offiziellen Vorschrift............. 34
   Das Filtrieren der Analysenlösung mit der Berkefeldkerze................................... 34
   Das Reinigen gebrauchter Kerzen nach Kubelka 35
   Das Filtrieren mit der Berkefeldkerze nach Kubelka und Belavsky 36
   Filtrieren mit Berkefeldkerzen unter Benützung der Wasserluftpumpe 37
   Berechnung der sogenannten unlöslichen Stoffe . 38
   Konzentrationsversuche mit Bezug auf die Menge des ausgeschiedenen Satzes 39

V. Kapitel: Begriff „Gerbstoffe". Über das Prinzip der quantitativen Gerbstoffbestimmung. Direkte und indirekte Methoden. Gelatinereaktion auf Gerbstoffe. Entgerbung der analytischen Lösung: Die Schüttel- und die Filtermethode. Berechnung des Gehaltes an Nichtgerbstoffen bei verschiedenen Methoden. Berechnung des Gerbstoffgehaltes ... 42

Über das Prinzip der quantitativen Gerbstoffbestimmung ... 42
  I. Direkte Methoden ... 46
  II. Indirekte Methoden ... 52
Allgemeine Vorschriften zur Entgerbung der Lösung ... 67
  A. Chemikalien und Lösungen für die Entgerbung nach der Schüttelmethode ... 67
  B. Entgerbung der analytischen Lösung nach der internationalen offiziellen Schüttelmethode ... 70
    Bestimmung der Nichtgerbstoffe ... 70
  C. Entgerbung der analytischen Lösung nach der alten (engl.) Schüttelmethode ... 71
  D. Entgerbung der analytischen Lösung nach der Filtermethode ... 75
Benötigte Geräte und Reagentien ... 75
  a) Das Glockenfilter ... 75
  b) Schwachchromiertes Hautpulver ... 75
Durchführung der Filtermethode ... 76
Berechnung des Gerbstoffgehaltes ... 76
Genauigkeit der Gerbstoffbestimmung ... 76

VI. Kapitel: Bestimmung des Zuckergehaltes von Gerblösungen. Bestimmung des Aschengehaltes der Gerbmittel. Die Farbe der Gerblösungen und ihre Messung. Die Säuren der Gerblösungen ... 78

Bestimmung des Zuckergehaltes der Gerbmittel ... 78
  A. Benötigte Reagentien ... 78
    1. Natriumsulfatlösung ... 78
    2. Basisches Bleiazetat ... 79
    3. Fehlingsche Lösung I ... 79
    4. Fehlingsche Lösung II ... 79
  B. Bestimmung des direkt reduzierenden Zuckers ... 79
    1. Gravimetrische Methode nach Fehling-Schroeder ... 79
    2. Titrimetrische Zuckerbestimmung nach Appelius und Schmidt ... 85
  C. Bestimmung der Gesamtzuckermenge (nach Inversion) ... 88
Aschengehalt der Gerbmaterialien ... 89
  a) Die Asche natürlicher Gerbmaterialien ... 90
  b) Die Asche von Gerbstoffextrakten ... 90
  c) Die Asche in den Gerbereibetrieben anfallenden Gerbbrühen ... 92
Die Farbe der Gerbstofflösungen und ihre Messung ... 94

Inhaltsverzeichnis

	Seite
Die Säuren der Gerblösungen und ihre Bestimmung	99
Titrimetrische Bestimmung der Gesamtazidität von Gerbbrühen nach der Methode Kubelka-Wagner	100
A. Reagentien	100
B. Bestimmung der Azidität	101

VII. Kapitel: Umrechnung der Analysen und Ergebnisse. Analyse und Berechnung der ausgelaugten Gerbmittel. Beispiel zur Berechnung der Extraktionsausbeute. Beurteilung eines beschädigten Gerbmittels .. 102

Umrechnung der Ergebnisse auf normalen Wassergehalt ... 102
Analyse gebrauchter Gerbbrühen und ausgelaugter Gerbmittel ... 103
  I. Analyse eines ausgelaugten Gerbmittels . 103
  II. Berechnung der Gerbstoffausbeute bei der Extraktion eines Gerbmittels (Rendement der Extraktion) ... 106
Beurteilung des Beschädigungsgrades eines Gerbmittels (z. B. Havarie) auf Grund der Analyse .. 109

VIII. Kapitel: Zusammenstellung der Ergebnisse im Analysenprotokoll. Auswertung der Analyse, Folgerungen. Unstimmigkeiten in den Analysen. Benützte Literatur 111

Zusammenstellung der Ergebnisse im Analysenprotokoll ... 111
Auswertung der Analyse ... 113
Richtige Beurteilung verschiedener Analysenergebnisse ... 113
  a) Unterschiede zwischen den Ergebnissen der Schüttel- und Filtermethode ... 114
  b) Unterschiede in den Ergebnissen bei der Bestimmung der unlöslichen Stoffe ... 115
  c) Durch Fehler des Chemikers bei der Analysendurchführung verursachte Unterschiede. 116
  d) Durch unrichtiges Bemustern oder Aufbewahren verursachte Unterschiede ... 117
  e) Woran erkennt man, daß die Unterschiede in den Analysenergebnissen zweier Laboratorien durch völlige Verschiedenheit der vorgelegten Musterproben verursacht wurden?. 118

Benutzte Literatur ... 120

I. Kapitel.

Vorgang bei der Gerbstoffanalyse.
Allgemeine Vorschriften.

Zu der Analyse kommen Gerbmittel von sehr verschiedener Beschaffenheit; daher müssen die Analysen entsprechend eingerichtet werden. Die natürlichen Gerbmittel sind Pflanzenteile: Wurzeln, Rinde, Holz, Früchte von verschiedensten Eigenschaften (Schoten, Nüsse). Es werden immer häufiger deren Extrakte verwendet, und zwar feste, teigförmige und flüssige, entweder rein oder chemisch behandelt. Sehr häufig werden auch gebrauchte Gerbmitel (ausgelaugte) analysiert.

Mit dem Gerbstoffmuster unmittelbar führt man nur die Bestimmung des Wassers und der Asche durch, und dies zumeist nur als Kontrollbestimmungen. Außerdem wird unmittelbar das spezifische Gewicht des Gerbmittels bestimmt, besonders wenn es sich um einen Extrakt handelt. Alle übrigen Bestimmungen erfolgen mit der sogenannten analytischen Lösung, deren Zubereitung weiter unten beschrieben ist. In dieser Lösung werden vor allem die **löslichen und unlöslichen** Stoffe bestimmt. In den löslichen Stoffen wird dann bestimmt, welcher Teil von ihnen aus **löslichen Gerbstoffen** (das sind Stoffe, welche von der Haut aufgenommen werden) besteht, welche die wertvollsten Bestandteile des Gerbmittels sind. Die übrigen löslichen Stoffe bezeichnen wir mit dem Sammelnamen „**Nichtgerbstoffe**". Diese Stoffe enthalten auch lösliche Kohlenhydrate der Pflanzen. Sie sind für die Beurteilung des Gerbstoffes nicht ohne Bedeutung, denn sie beteiligen sich an dem Gerbvorgange durch Bildung von Säuren bei der Gärung der Gerbstofflösungen (Zuckergärung). Deshalb bestimmen wir in den Nichtgerbstoffen den Gehalt der direkt **reduzierenden Zuckerarten**. Der Gehalt an **mineralischen Bestandteilen**, die ebenfalls zu den Nichtgerbstoffen gehören, ist oft wichtig für die Beurteilung der Art der Behandlung der Extrakte (Sulfitieren).

Aus der Analysenlösung werden aufeinanderfolgend (in % des ursprünglichen Musters) bestimmt:

1.) Gesamtrückstand (unlösliche + lösliche Stoffe); wird im weiteren Text mit a bezeichnet.
2.) Lösliche Stoffe (= die Trockensubstanz der filtrierten analytischen Lösung); wird im Text mit b bezeichnet.
3.) Unlösliche Stoffe (aus dem Unterschiede zwischen a — b); wird weiter im Text mit c bezeichnet.
4.) Die Nichtgerbstoffe werden weiter im Text mit d bezeichnet.
5.) Die Gerbstoffe (aus dem Unterschiede von b—d) werden weiter im Text mit e bezeichnet.
6.) Das Wasser (aus dem Unterschiede 100—a) wird weiter im Text mit f bezeichnet.

Diese Grundbestimmungen werden bei jeder Beurteilung der Gerbmittel zuerst durchgeführt; dadurch erfährt man nicht nur das quantitative Ergebnis (% der Gerbstoffe), sondern auch die erste grobe Erkenntnis der Beschaffenheit des Gerbmittels, seiner Art, Verwendbarkeit usw. Die hier gewonnenen Zahlen sind daher auch der erste Behelf für die qualitative Unterscheidung der Gerbmittel, denn das gegenseitige Verhältnis der Gerbstoff- und Nichtgerbstoffmengen ist bis zu einem beträchtlichen Grade für jede Gerbstoffart kennzeichnend.

Ein weiterer Behelf für die Unterscheidung ist die Bestimmung des Zucker- und Aschengehaltes. Besonders das Verhältnis des Zuckergehaltes zum Gerbstoffgehalte ist eine kennzeichnende Größe für jeden Gerbstoff.

Erst nach der Beurteilung der so gewonnenen Zahlen ergänzen wir die Beurteilung des Gerbmittels durch die qualitative Analyse, über die daher erst im zweiten Teile dieses Werkchens gesprochen werden wird.

Für die Bewertung des Gerbmittels ist weiters die Bestimmung des Farbtones seiner Lösung ein wertvoller Behelf. Der Farbton wird tintometrisch bestimmt (siehe Kapitel VI). Bei den Analysen der aus dem Betriebe entnommenen Gerbbrühen, sowie bei den Analysen der ausgelaugten Stoffe wird weiter der Säuregehalt durch Titrieren bestimmt, allenfalls der Säuregrad (pH) elektrometrisch bestimmt.

Die Bestimmung aller oben angeführten Größen ist bei Gerbstoffen vielfach recht beschwerlich, und es ist daher nötig, daß die weiter angeführten Vorschriften sehr genau eingehalten werden und die Bestimmungen unter allen Umständen nach den hier vorgeschriebenen Arbeitsweisen durchgeführt werden, damit man in verschiedenen Laboratorien und allenfalls in verschiedenen Ländern vergleichbare Ergebnisse erhält.

Jede der angeführten Bestimmungen werden wir weiter unten genau behandeln, und zwar so, daß wir zunächst stets den Grundsatz der Bestimmung beschreiben und kritisch seine Grundlage betrachten werden, ebenso wie die Möglichkeit der Uebereinstimmung der Ergebnisse, sowie auch die theoretische Grundlage der Methode, damit dem Leser ermöglicht wird, die chemische und technologische Deutung ebenso wie die erzielbare Genauigkeit jeder Einzelbestimmung zu beurteilen. **Erst dann werden wir die einzelnen Vorschriften anführen, nach denen die Bestimmungen durchgeführt werden müssen.**

Allgemeine Vorschriften und Vorrichtungen.

Die wichtigsten Bestimmungen bei der Gerbstoffanalyse (besonders die Bestimmung der löslichen Stoffe und die Bestimmung der Nichtgerbstoffe) beruhen auf der Bestimmung der Trockenrückstände der Lösung. Deshalb ist die Richtigkeit des Ergebnisses der unbedingt genauen Einhaltung der Vorschriften unterworfen, namentlich was die Ausmaße der Abdampfschalen, der Menge der verdampften Flüssigkeit, der Trockenkästen usw. anlangt.

Sämtliche Meßkolben und Pipetten müssen aus einem der Einwirkung des Wassers widerstehenden Glase hergestellt sein. Vor der Verwendung müssen sie überprüft werden, allenfalls geeicht werden.

Die Exsikkatoren werden ausschließlich mit konzentrierter Schwefelsäure gefüllt. Arbeitsweise: in das reine, trockene Exsikkator geben wir so viel gut ausgetrocknete Glaskugelchen (Ø = 5 mm), daß dieselben den Boden etwa drei Schichten hoch bedecken. Dann gießt man so viel reine, konzentrierte Schwefelsäure ein, daß von der höchsten Kugelschichte oben nur die obersten Teile der Kugeln herausragen.

Die Füllung der Exsikkatoren mit anderen Stoffen ($CaCl_2$) ist unzulässig, da die Trocknung unvollkommen ist. Mit Calciumchlorid enthält man bei der üblichen Gerbstoffanalyse um 1—2% höhere Trockenrückstände bei dem Gesamtlöslichen als mit Schwefelsäure. Der Deckel des Exsikkators muß gut schließen. In einem Exsikkator soll man nicht mehr als 4 Abdampfschalen einer Analyse stellen.

Die Abdampfschalen dürfen nicht zu tief sein und müssen einen flachen Boden haben. Der Durchmesser der Schalen muß mindestens 6,5 cm für das Verdampfen von 50 cm³ Lösung betragen, damit die Schichte des Rückstandes stets so dünn als möglich ist. Am besten haben sich Schalen aus hartem, böhmischem Glas (Kavalir) bewährt, die mit geschliffenem Rand und Deckel versehen sind (siehe Abb. 1.). Vor jeder Benützung wird die Schale stets mit geschlossenem Deckel zuerst leer und nachher mit dem Rückstande gewogen. Das Gewicht der Schale samt Deckel soll höchstens 50—70 g sein; schwerere Schalen sind unzulässig. In manchen Ländern werden auch Schalen aus anderen Materialien verwendet, so z. B. in Deutschland aus Silberblech. Für die Resultate ist des Material der Schalen ohne Bedeutung, nur wird die Geschwindigkeit des Abdampfens beeinflußt. Auf jeden Fall sollen aber die Schalen bei dem Abwiegen mit gut schließenden Deckeln versehen werden.

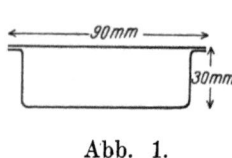

Abb. 1.

Das Abdampfen muß auf dem Wasser- oder Dampfbade erfolgen. Wird Dampf verwendet, darf es nur gesättigter, nicht überhitzter Dampf sein.

Es sind nur solche Trockenschränke zulässig, deren Temperatur sich ständig auf 98,5° — 100° C erhalten läßt. Es sind dies in erster Reihe elektrische Trockenschränke, die mit einem selbsttätigen Temperaturregler versehen sind, weiters Trockenschränke mit kochendem destillierten Wasser, Vacuum- und Dampftrockenschränke.

Zum Trocknen des Rückstandes dürfen solche Trockenschränke, welche direkt mit Gas geheizt sind, nicht verwendet werden. Ebenso sind kombinierte Trockenschränke, die gleichzeitig für das Abdampfen und Trocknen bestimmt sind (z. B. System Reed) unzulässig.

Waagen:

Die Trockenrückstände müssen mit analytischen Waagen gewogen werden, die eine Empfindlichkeit von zumindest 0,2 Milligramm bei einer Belastung von 100 Gramm besitzen.

II. Kapitel.
Das Musterziehen. Das Aufbewahren und Schützen der Muster.

Das Musterziehen.

1.) Allgemeine Bestimmungen.

Beim Musterziehen der natürlichen Gerbstoffe, wie auch der Gerbstoffextrakte (flüssig, teigförmig oder fest) ist unbedingt folgender Vorgang einzuhalten, denn nur so kann man Unstimmigkeiten in den Ergebnissen verhindern, die häufig infolge des unrichtigen Musterziehens entstehen. Um einen Feuchtigkeitsverlust zu vermeiden, muß das Ziehen der Muster so rasch als möglich durchgeführt werden, da sämtliche Gerbmitel einen gewissen Anteil Wasser enthalten, der nach der Herkunft des Rohstoffes und den klimatischen Verhältnissen schwankt.

Die entnommenen Muster müssen sofort in vollkommen reinen und trockenen Glasflaschen oder Pulvergläsern aufbewahrt werden, die dann sorgfältig verschlossen, versiegelt und mit allen unumgänglichen Angaben bezeichnet werden.

Von demselben Gerbmittel müssen immer 4 gleich große Muster angefertigt werden. Eines für den Käufer, eines für den Verkäufer, eines für den Schiedschemiker und ein viertes schließlich für den Fall, daß irgend eines der Muster zerbrochen, oder verloren geht.

2.) Das eigentliche Musterziehen.

Sind die Gerbmittel in Fässern, Säcken oder Bündeln verpackt, so werden Muster gezogen aus solcher Anzahl dieser Verpackungseinheiten, welche 0,7 mal dem Quadratwurzel deren Gesammtanzahl entspricht. Die Zehntel, die sich bei der Berechnung ergeben, werden aufwärts auf Ganze abgerundet, wie nachstehende Zusammenstellung zeigt.

Gesamtanzahl der Fässer oder Säcke „X"	Das Ergebnis aus $0{,}7 \times \sqrt[2]{„x"}$	Anzahl der zu ziehenden Muster
10	2,21	3
20	3,12	4
50	4,95	5
100	7,0	7
200	9,9	10
400	14,0	14
1000	22,1	23
2000	31,2	32

Bei Rinden oder Hölzern in Bündeln wird das Muster so gezogen, daß aus der Mitte eines jeden Bündels, das für das Musterziehen bestimmt ist, eine etwa 5 cm lange Querschichte herausgeschnitten wird.

Die entnommenen Teile werden gut durchgemischt und werden auf die für die Muster nötige Menge in folgender Weise reduziert: Aus der gewonnenen Menge wird am Fußboden ein Haufen in Form eines niedrigen vierseitigen Prismas gebildet. Dieses wird mit Diagonalen in vier Dreiecke geteilt, und von diesen werden zwei gegenüberliegende Dreiecke weggenommen. Die übrigbleibende Menge wird neuerlich gemischt, und diese Teilung wird solange wiederholt, bis man die benötigte Menge erreicht hat.

Ein Rinden- oder Holzmuster für die Analyse muß mindestens 1 kg wiegen.

Ist das Holz in Stücken (Scheite oder Stämme) vorhanden, so berechnet man die entsprechende Anzahl der Stücke, aus denen das Muster zu ziehen ist, ähnlich wie bei Fässern oder Säcken. Hierauf werden diese Scheiten so ausgesucht, daß verhältnismäßig alle Typen der Stücke der ganzen Lieferung vertreten sind (nach der Stärke, dem Aussehen usw.). Aus diesen Stücken werden aus der Mitte gleich große Muster herausgeschnitten, die vollständig zerkleinert werden. Die gewonnenen Sägespäne werden gut durchgemischt und in Pulvergläsern aufbewahrt.

Früchte, Blätter, Eicheln, Schoten, Wurzeln usw. die in Ballen oder Säcken verpackt sind. (Myrobalanen, Sumach, Valonea, Dividivi, Algarobilla, Galläpfel u. a.).

Der Inhalt der für das Musterziehen bestimmten Säcke oder Ballen wird auf den reinen Fußboden ausgeschüttet und so auseinandergebreitet, daß sich eine gleichmäßig starke Schichte von quadratischer Form bildet. Der Haufen wird durch Diagonalteilung in 4 gleiche Dreiecke auf die Hälfte vermindert und dieser Vorgang wird so oft wiederholt, bis bloß die entsprechende Menge (etwa 2 kg) bleibt. Jedes Muster muß mindestens 500 g wiegen.

V a l o n e a. Da die Schuppen der Valoneafrüchte einen höheren Gerbstoffgehalt haben, als die Becher der Eicheln, so muß das Muster Schuppen im gleichen Verhältnisse enthalten wie die ganze Sendung.

M y r o b a l a n e n. Die kleinen und angebohrten Früchte sind zumeist leichter als die ganzen, großen Früchte und sind auch ärmer an Gerbstoff. Beim Musterziehen muß hierauf notwendigerweise Rücksicht genommen werden.

S u m a c h: Die Sumachballen sind oft ungleichmäßig; der an Gerbstoff reichere Sumach befindet sich in der Nähe der Ränder des Sackes. Um ein Durchschnittsmuster zu erzielen, muß das Musterziehen mit einer Sonde vorgenommen werden, mit der man genügend tief in den Ballen eindringen kann.

F l ü s s i g e E x t r a k t e i n F ä s s e r n. Es wird die zum Musterziehen nötige Anzahl Fässer nach der oben angeführten Formel ausgerechnet. Deren Inhalt wird durch Rollen der gewählten Fässer durchgemischt. Um eine bessere Wirkung zu erzielen, werden jedem Fasse vor dem Rollen 16 bis 18 l Extrakt entnommen. Der entnommene Teil wird wieder zurückgegeben und vor dem Ziehen des Musters wird der Extrakt abermals durchgemischt. Nunmehr werden Vorausmuster entnommen (aus jedem gewählten Fasse rd. 150 g), werden zusammen in ein Gefäß gegeben und in diesem sorgfältig durchgemischt. Aus dem so erzielten einheitlichen Muster werden Musterflaschen von rd. 150 g Inhalt gefüllt, mit Korkstöpseln verschlossen und versiegelt. Waren die Fässer bereits längere Zeit eingelagert, so genügt das Rollen nicht, und es ist nötig, den Inhalt gut mit einem Holzrührer durchzurühren. Grundsätzlich darf jedoch flüssiger Extrakt nicht an der Luft stehen. Gefrorene Extrakte kann man nicht bemustern, weil sich durch das Erwärmen der Wassergehalt im Extrakte ändern würde.

Flüssige Extrakte in Kesselwagen oder Behältern. Hier kann das Musterziehen nach zwei Arten durchgeführt werden:

a) Der Extrakt wird in einen großen Behälter eingelassen und gut durchgemischt. Nunmehr werden aus verschiedenen Tiefen des Behälters gleich große Muster entnommen und in ein Gefäß gegossen, wo sie durchgemischt werden; hierauf wird in Flaschen von 150 cm^3 Inhalt gefüllt und versiegelt.

b) Im Verlaufe des Entleerens des Behälters werden 5 Muster zu 2 l entnommen. Das erste Muster wird rd. 3 Minuten nach Beginn des Auslaufens des Extraktes entnommen. Die vier endgültigen Muster (150 g) werden aus diesen 10 Litern genommen, die vorher gut durchgemischt werden.

Trockene Extrakte in Säcken. (Quebracho, Eiche, Mangrove, Mimosa, Kastanien, Sumach, Valonea usw.)

Die berechnete Anzahl der Säcke wird gleichmäßig aus der ganzen Sendung herausgesucht. Zunächst werden vorläufige Muster aus jedem zur Musterziehung bestimmten Sacke entnommen, so daß sie die inneren und äußeren Schichten des im Sacke enthaltenen Extraktes im entsprechenden Verhältnis enthalten. Dies wird am leichtesten in der Weise durchgeführt, daß aus jedem Block mit einem geeigneten Messer oder einer breiten Hacke ein keilförmiger Ausschnitt herausgeschnitten wird, der in der Mitte des Blockes einen Winkel von 60° hat (gleichseitiges Dreieck), wie aus Abbildung 2 klar ersichtlich ist.

Diese vorläufigen Muster werden vermischt und so zerrieben, daß sie durch ein Sieb mit einer Maschenweite von 2,5 cm durchgehen. Hierauf werden die Muster durch Teilen nach dem System der vier einander gegenüberliegenden Dreiecke auf die nötige Menge verkleinert und in Pulverflaschen aufbewahrt.

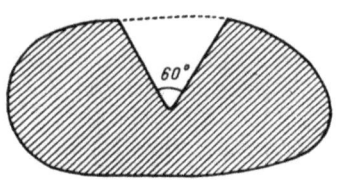

Abbildung 2.

Bei großen Hitzen wird empfohlen, die Muster vor dem Einfüllen in die Pulverflaschen noch in Paraffinpapier einzupacken.

Teigförmige Extrakte. (Gambir, Katechu.) Bei teigförmigen Extrakten werden die Muster aus der errechneten Anzahl Ballen oder Kisten mit einer kupfernen Sonde von zylindrischer Form gezogen (siehe Abbildung 3). Die Sonde hat die Form eines breiten, durchbohrten Stöpsels und besteht aus dem Handgriffe A, dem aufgelöteten Rand B und dem Rohre C. Zur Sonde gehört ferner eine kupferne zylindrische Stange D, welche in die Sonde genau paßt und zum Herausdrücken des Extraktes aus der Sonde dient.

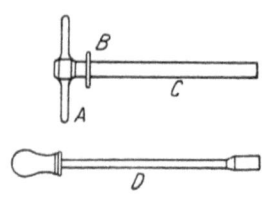

Abbildung 3.

Um ein Muster zu gewinnen, welches die äußeren und inneren Teile im richtigen Verhältnisse enthält, muß die Sonde an 7 verschiedenen Stellen vollständig durch jeden Block dringen, der zum Musterziehen bestimmt ist. Die so gewonnenen vorläufigen Muster werden so rasch als möglich durchgemischt und in Musterflaschen gefüllt. Jedes Muster soll mindestens 200 g wiegen.

Manchmal ist es nötig, auch sogenannte „feste" Extrakte in gleicher Weise zu bemustern, da diese in Wirklichkeit teigförmig sind (nicht genügend ausgetrocknet).

Ausgelaugte Gerbmittel. Muster von ausgelaugten Gerbmitteln müssen von der obersten Schichte bis zum Boden des Extrakteurs entnommen werden, ebenso von der Mitte zu den Randpartien. Diese vorläufigen Muster werden dann zusammengemischt, und nach dem System der vier einander gegenüberliegenden Dreiecke wird ihre Gesamtmenge auf die nötige Anzahl Muster zu je einem kg verkleinert. Hierauf werden sie in Flaschen gegeben, verschlossen und versiegelt.

Gerbbrühen (Farben) werden mit Stangen gut durchgemischt. Für jedes Muster werden rd. 1500 cm³ genommen. Diese Muster müssen rasch verarbeitet werden, um das Schimmeln zu verhindern.

Schutz der Muster gegen Schimmel und die übrigen Bakterien.

a) Feste und teigförmige Extrakte: In die Musterflaschen werden vor dem Einfüllen des Extraktes einige Tropfen Terpentinöl gegeben, und es wird gründlich durchgeschüttelt.

b) Flüssige Extrakte: Vor dem Einfüllen in die Flaschen müssen auf jedes kg Extrakt 0,5 cm³ nachstehenden Präparates zugegeben werden: 10 g $Hg J$ + 10 g KJ + 100 cm³ destilliertes Wasser.

c) Gerbbrühen: In jede Flasche mit Brühe müssen vor dem Verschließen 0,03 g Thymol zugesetzt werden.

In der Praxis haben sich auch folgende Desinfektionsmittel bewährt:

Eine 1%ige Lösung von Fluornatrium (NaF), Zinkchlorid ($ZnCl_2$), und zwar 1 °/₀₀ des Extraktgewichtes.

III. Kapitel.
Bereitung der Analysenlösung.

Um die Analyse des Gerbmittels richtig durchführen zu können, müssen wir uns eine Lösung (oder einen Extrakt) daraus von ganz bestimmter Konzentration herstellen. Diese „Analysenlösung" muß genau 3,75 bis 4,25 g Gerbstoff in einem Liter enthalten. Deshalb müssen bei einem unbekannten Stoff zwei Analysen durchgeführt werden, die erste mit einer beliebigen Einwage, die zweite dann mit der nach dem Ergebnis der ersten berechneten richtigen Einwage. Werden bei der Analyse Ergebnisse erzielt, welche darauf hinweisen, daß die analytische Lösung eine andere Konzentration hatte, so muß unbedingt die Analyse mit der neuen, richtigen Einwage wiederholt werden.

Die verschiedene Konzentration der Analysenlösung hat einen großen Einfluß auf das Ergebnis, hauptsächlich bei der Bestimmung der unlöslichen Stoffe und bei der Bestimmung der Nichtgerbstoffe nach der Schüttelmethode (siehe weiter unten).

Die Analysenlösung wird nach folgenden Anleitungen hergestellt, je nach dem zur Analyse ein natürliches Gerbmittel oder sein Extrakt vorliegt.

Natürliche Gerbmittel.
(Hölzer, Rinden, Früchte usw.)

Rinden und Früchte werden mit einer geeigneten Mühle gemahlen, bis sie durch ein Sieb gehen, welches 25 Maschen auf einen cm^2 hat. Hat das natürliche Gerbmittel eine faserige Struktur, dann darf es nicht zermahlen werden, bis es durch das entsprechende Sieb geht, sondern es werden gesondert die feinen und groben Teile gewogen und das Muster wird von beiden in dem entsprechenden Verhältnis zusammengemischt. Mit einem Stoffe, der beim Vermahlen Staub bildet, muß in ähnlicher Weise vorgegangen werden. Dies bedeutet, daß der Teil, welcher für die Analyse extrahiert wird, aus Staub und dem gröberen Teil im gleichen Verhältnisse zusammengesetzt sein muß, in dem sich diese Teile im ganzen gemahlenen Muster vorfinden. Faserige Gerbstoffe, wie Blätter (Sumach u. a.) und manche Rinden (Eiche, Mimosa, Mangrove usw.), werden vorher in kupfernen oder bronzenen Schüsseln mit einem schweren Kupferstößel zerschlagen, damit die faserigen Teile möglichst gut zermalmt werden, denn diese setzen beim Extrahieren dem Wasser den größten Widerstand entgegen. Hölzer, die sich nicht mahlen lassen, werden mit einer Säge oder einer Raspel in feine Sägespäne zerteilt.

Manche Gerbstoffe verlieren im Verlaufe des Mahlens die Feuchtigkeit; diesfalls muß das Wasser vor und nach dem Mahlen bestimmt werden. Tritt eine Verminderung der Feuchtigkeit ein, so rechnen wir das mit dem trockenen Muster erhaltene Ergebnis auf die ursprüngliche Feuchtigkeit um. Muster von staubförmigem Sumach werden vor dem Abwägen für die Extraktion durch Schütteln in einem Pulverglas durchgemischt.

Die offiziellen internationalen Vorschriften empfehlen nach amerikanischem Muster, Gerbmittel, deren Lösungen leicht die Ellag- oder Chebulinsäure u. a. ausscheiden (Valonea, Myrobalanen), vor dem Extrahieren im gemahlenen Zustande durch eine Stunde auf 100 bis 105° C zu erwärmen. Bei Analysen in der Tschechoslowakei darf dieser Vorgang nur dann durchgeführt werden, wenn dies im Analysenprotokoll ausdrücklich angeführt wird.

Zubereitung des Extraktes aus dem gemahlenen Gerbstoffmuster.

a) Destilliertes Wasser,

das zur Extraktion und dem Auflösen des Extraktes verwendet wird, soll weder Chloride noch Sulfate enthalten. Sein pH soll zwischen 5,0 bis 6,0 sein; dies bedeutet, daß es mit Methylrot keine rote Färbung geben soll und mit Bromokresol-Sulfophtalein keine Dunkelpurpurfärbung. Da destilliertes Wasser beim Stehen an der Luft Kohlendioxyd gierig aufnimmt, sinkt ständig sein pH-Wert. Die Menge der Kohlensäure kann im Wasser durch Titrieren bestimmt werden. Titriert man 100 cm^3 Wasser, mit einem Tropfen

Phenolphtalein als Indikator, mit n/20 Ba/OH/$_2$, so genügt der erste kleine Tropfen (0,05 cm³), um das Wasser rot zu färben, als Beweis, daß es keine freie Kohlensäure enthält. 100 cm³ Wasser dürfen nicht mehr als 0,001 g Verdampfungsrückstand ergeben.

b) **Vorrichtungen für das Extrahieren des Gerbmittels.**

Es werden hauptsächlich zwei Typen von Extrakteuren verwendet, der Koch'sche und der Procter'sche, welche beide aus den üblichen gläsernen Laboratoriumsbehelfen zusammengestellt werden können. Der Koch'sche Extrakteur wird auch laut Vorschlag Körners aus Messing hergestellt, wodurch die Handhabung desselben sehr erleichtert wird (sogenannter Extrakteur nach Koch-Körner). Mit allen diesen Vorrichtungen kann man das Auslaugen mit der gleichen Vollkommenheit durchführen, so daß alle für die Analysen zulässig sind. Große Bedeutung für das Ergebnis der Analyse hat jedoch die Art des Auslaugens (siehe nächster Absatz c).

Der Koch'sche Extraktionsapparat ist durch die internationalen Vorschriften für die Gerbstoffanalyse vorgeschrieben (1927). Dieses Ge-

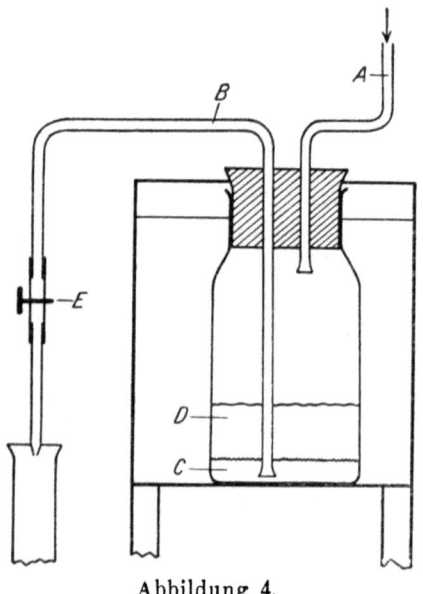

Abbildung 4.

rät besteht aus einer breithalsigen Glasflasche (siehe Abbildung 4). Je nach der Menge des zu extrahierenden Gerbmittels werden drei verschiedene Flaschengrößen verwendet, für die Einwage von 5 bis 15 g Gerbmittel auf einen Liter benützt man Flaschen von 150 cm^3 Inhalt (Größe I); für 15 bis 25 g mit einem Inhalt von 250 cm^3 (Größe II), und bei noch größeren Mengen eine Flasche mit dem Inhalt von 350 cm^3 (Größe III).

Dimensionen der Extraktionsflaschen:

Flasche	Durchmesser der Flasche	Höhe der Flasche bis zum Beginn des Halses	Höhe des Halses	Durchmesser des Halses
I	5,5 cm	8,0 cm	2,5 cm	4,5 cm
II	7,0 „	10,0 „	3,0 „	5,5 „
III	9,0 „	10,0 „	3,0 „	5,5 „

Die Flaschen dürfen nicht dickwandig sein und müssen Temperaturänderungen gut aushalten. Jede Flasche ist mit einem Kautschukstöpsel geschlossen, durch den 2 Glasrohre gehen. Das Rohr A, durch das Wasser aus dem Vorwärmer zugeleitet wird, reicht bloß rd. 1 cm unter den Stöpsel, während das Ableitungsrohr B sozusagen bis an den Boden der Extraktionsflasche reicht. Die Enden beider Rohre sind konisch erweitert und die Oeffnungen sind mit grober Leinwand oder Seidengaze abgeschlossen (Baumwollgewebe zu verwenden ist nicht ratsam, denn sie verfilzen sich leicht).

Auf den Boden der Flasche kommt zunächst eine rd. 1 cm hohe Schichte trockenen, vollkommen eisenfreien Meersandes C. (vom Eisen wurde derselbe durch Kochen mit Schwefelsäure und Durchwaschen mit heißem Wasser befreit), auf den Sand kommt dann die abgewogene Menge des gemahlenen Gerbmittels D. Das Füllen der Extraktionsflasche mit Wasser wird auf folgende Weise durchgeführt:

Das Rohr B, das bis auf den Boden der Flasche reicht, wird mit einem Rohre verbunden, das in einen mit destilliertem Wasser gefüllten Becher getaucht ist. Durch das Zuleitungsrohr A wird das Wasser so lange angesaugt, bis die gesamte Luft aus der Flasche verdrängt und diese bis zum Halse mit Wasser gefüllt ist. Wir verschließen das Ableitungsrohr mit der Klammer E und tauchen die Flasche bis zum Halse in ein Wasserbad. Das kürzere Rohr verbinden wir mit dem Vorwärmer durch einen Kautschukschlauch und verschließen ebenfalls mit einer Klammer. Nunmehr fließt durch das Rohr A vorgewärmtes Wasser in die Fla-

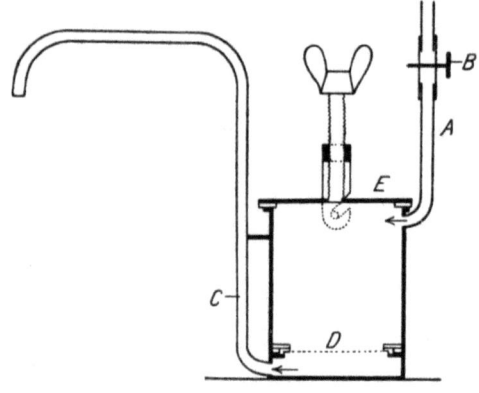

Abbildung 5.

sche, laugt das Gerbmittel aus, und der Extrakt wird durch das Rohr B abgeleitet. Die Geschwindigkeit der Strömung, bezw die Art der Extraktion (siehe unten) wird durch die Klammer E geregelt.

Der Koch-Körner'sche Extraktionsapparat (siehe Abb. 5) ist ganz ähnlich wie der vorhergehende, doch ist er aus Kupfer oder Messing hergestellt, u. die Sandschichte ist durch feine Messingsiebe ersetzt (erzeugt von A. Meissner, Freiberg i. S.)

An den Extrakteur ist ein Wasservorwärmer (siehe Abb. 6) angeschlossen. Das destillierte Wasser geht aus dem Hochbehälter (Höhe 2·5—3 m genügt für alle Gerbmittelsorten), zunächst

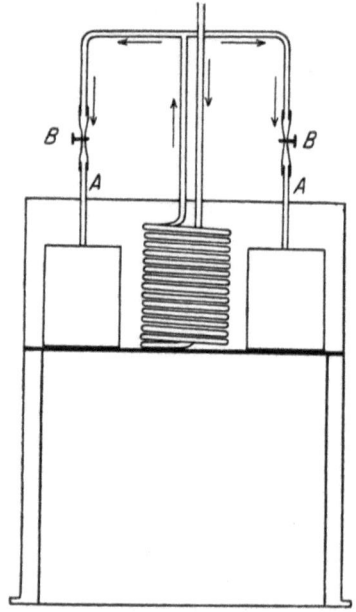

Abbildung 6.

durch eine kupferne Rohrspirale, wo es auf die gewünschte Temperatur erwärmt wird, und geht durch das Rohr A in den Extraktionsapparat. Der Wasserzufluß wird durch die Klemme B geregelt.

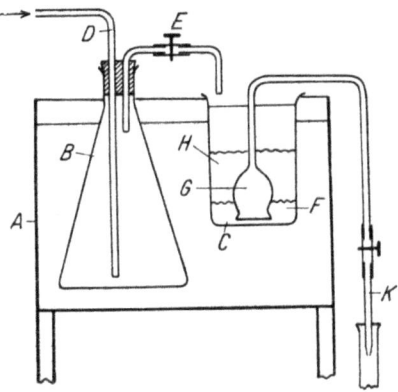

Abbildung 7.

Das Wasser laugt das gemahlene Gerbmittel aus und wird durch das Abfuhrrohr C in den Meßkolben geleitet. Das Rohr C ist von dem ausgelaugten Gerbmittel durch ein feines Sieb D getrennt, das etwa 10 mm über dem Boden des Gefäßes angebracht ist, so daß die Lösung hier gefiltert wird. Oben ist der Extrakteur durch einen Deckel E mit einer Kautschukeinlage luftdicht abgeschlossen. Die Maße des Extraktionsapparates sind folgende: Es ist ein zylindrisches Gefäß mit einem inneren Durchmesser von 6 cm und einer Höhe von 8,5 cm, bei der größeren Type von 14 cm. Der Apparat ist in einem Wasserbade aufgestellt, welches auf die entsprechende Temperatur erwärmt wird.

Der Proctersche Extrakteur (siehe Abbildung 7) ist wie folgt zusammengestellt: Im Wasserbade A ist ein Erlenmayerkolben B von 1 l Inhalt befestigt, ferner ein Becherglas hoher Form ohne Ausguß C (so groß, daß es in die Oeffnung des Wasserbades paßt). Das kalte destillierte Wasser läuft aus der Marriotflasche, die höher angebracht ist, durch das Rohr D, das bis zum Boden reicht, in den Erlenmayerkolben; dort wird es auf die gewünschte Temperatur erwärmt und geht dann durch das Rohr E, das mit einem Hahn oder einer Klemme versehen ist, in den Extraktionsbecher. Zum Extrahieren von frischen Gerbmitteln nehmen wir ein Becherglas von 250 cm^3 Inhalt, für ausgelaugte Gerbmittel mit rd. 400 cm^3 Inhalt. Am Boden des Becherglases befindet sich eine rd. 15 mm hohe Schichte Meersand (F), der mit Säure ausgewaschen ist. In diese Schicht reicht die Glasglocke G mit einem Durchmesser von rd. 35 mm, die in ein doppelt gebogenes Rohr endet. Dieses ist durch ein Stückchen Kautschukschlauch, der mit einer Schraubenklemme versehen ist, mit einem weiteren Glasrohr verbunden, das zu einer Spitze ausgezogen ist (K). Auf der Glocke ist ein Stückchen reine Leinwand befestigt, die als Filter wirkt. Ueber der Sandschicht befindet sich eine Schichte des auszulaugenden Materials H und über dieser destilliertes Wasser. Bei der Extraktion strömt das Wasser durch das Rohr D durch den Vorwärmekolben B. Sein Strom wird durch den Hahn E so geregelt, daß die Oberfläche im Extraktionsbecher C stets auf der gleichen Höhe erhalten wird. Die Geschwindigkeit und den Fortgang der eigentlichen Extraktion regelt man durch den Abfluß der Flüssigkeit aus dem Becherglase (Klemme bei K).

c) Die Art der Auslaugung des Gerbmittels und ihre Bedeutung für die Analyse.

Das vollkommene Auslaugen des Gerbstoffmusters ist selbstverständlich die erste Bedingung für das richtige Ergebnis der Analyse. Das vollständige Auslaugen des Gerbmittels ist aber eine sehr unbestimmte Forderung; denn nach der Art, in der wir das Auslaugen durchführen, können wir verschiedene Ergebnisse erhalten. Man muß sich vergegenwärtigen, daß wir beim Extrahieren der Gerbstoffe nicht eine Verbindung von bestimmter chemischer Zusammensetzung lösen, sondern eine ganze Menge unbekannter Stoffe, deren größter Teil ausgesprochen kolloidale Eigenschaften hat, und infolge dessen der Diffusion durch Zellenwände nicht fähig ist. Deshalb hat die Feinheit der Mahlung einen unmittelbaren Einfluß auf die Ergebnisse des Auslaugens. Aus diesem Grunde geht bei der Analyse, bei der das Gut feiner gemahlen wird, stets mehr Gerbstoff in Lösung, als bei der Extraktion in der Fabrikspraxis (z. B. in der Extraktindustrie), wo ein so weitgehendes Mahlen unmöglich ist.[1])

Weiters müssen wir uns vergegenwärtigen, daß die löslichen extrahierbaren Stoffe im Gerbstoffmuster nicht fertig vorhanden sind und daß sie eigentlich vom unlöslichen Reste nicht grundsätzlich unterschieden werden können, sondern daß sie unter dem Einflusse der sie umgebenden Lösung auch aus Teilen entstehen, die bei anderen Temperaturverhältnissen usw. unlöslich bleiben würden (Peptisierung unlöslicher Gerbstoffe mit Lösungen löslicher Gerbstoffe usw.). Hiedurch erklären wir uns folgende Erscheinung, welche bei einer ganzen Reihe von Gerbstoffen bekannt ist und beobachtet wurde: Extrahieren wir das gegebene Gerbstoffmuster vollkommen, so daß der letzte Abfluß aus dem Extrakteur keine Gerbstoffreaktion mehr gibt (Gelatinereagenz, siehe unten), und lassen dann dieses gänzlich entgerbte Gerbmittel einige Stunden oder Tage in feuchtem Zustande an der Luft und im Lichte liegen, und extrahieren hierauf neuerlich, so erhalten wir abermals einen Extrakt, der Gerbstoffreaktionen zeigt, und bei der Analyse einige Prozent Gerbstoff aufweist.

Aus dieser kurzen Schilderung der verwickelten Natur des Extrahierens der Gerbmittel wird klar, daß bei Gerbstoffen von einem „vollkommenen" Auslaugen nicht gesprochen werden kann, wie es z. B. bei der Extraktion von Fetten u. a. möglich ist. Da wir niemals genau bestimmen können, wann die Auflösung der Stoffe aus dem Gerbmuster beendet ist, müssen wir die genauen Vorschriften für die Extraktion rein vereinbarungsmäßig bestimmen. Diese müssen dann bei der Analyse streng eingehalten werden, besonders was die Temperaturen und die vorgeschriebene Dauer anbelangt; jede, selbst die kleinste Abweichung von der Vorschrift muß im Protokoll ausdrücklich angeführt und begründet werden.

---

[1]) Der Vergleich der Extraktion der Gerbstoffe mit der Diffussion bei der Zuckerfabrikation ist unrichtig, denn der Zucker ist ein Kristalloid, das durch Zellwände dringt.

Bei der Durchführung der Extraktion kommen hauptsächlich zwei verschiedene Vorschriften in Betracht: Nach der offiziellen internationalen Vorschrift vom Jahre 1927 wird **ununterbrochen** extrahiert, nach der früheren englischen Methode wird **kombiniert** extrahiert, d. h. im Anfang mit Unterbrechungen und dann unter Kochen ununterbrochen. Nach dem zweiten Verfahren werden aus dem Muster größere Mengen löslicher Stoffe ausgelaugt. Beide Verfahren können in allen oben beschriebenen Geräten durchgeführt werden.

Offizielle internationale Vorschrift für das ununterbrochene Auslaugen.

Die abgewogene Menge des gemahlenen Gerbmittels wird in das Extraktionsgefäß gegeben und mit destilliertem Wasser von gewöhnlicher Temperatur übergossen. Hiebei ist darauf zu achten, daß das Muster vollkommen durchgefeuchtet wird und daß der Extrakteur vollkommen mit Wasser gefüllt ist (ohne Luft). So läßt man alles mindestens 12 und höchstens 18 Stunden stehen (über Nacht). Dann wird der Hahn geöffnet und die Flüssigkeit in den Literkolben abgelassen. Hierauf wird der Zu- und Abfluß des Wassers so geregelt, daß die Extraktion gleichmäßig verläuft und der Literkolben in 4 Stunden auf folgende Weise gefüllt wird: Wenn aus dem Extrakteur die ersten 150 cm^3 bei gewöhnlicher Temperatur abgezogen wurden, erhöht man die Temperatur des Wasserbades für so lange auf 50° C, bis 750 cm^3 abgefüllt sind. Dann wird das Wasserbad zum Kochen gebracht und die Extraktion beendet.

Die aus dem Extrakteur nach dem Abziehen eines Liters kommende Flüssigkeit soll mit Gelatinlösung keine Reaktion auf Gerbstoff geben (siehe Fortsetzung im Kapitel V).

Vorschrift für die kombinierte Extraktion.

Der gemahlene Gerbstoff wird in den Extrakteur abgewogen und man läßt ihn mindestens 12 Stunden (am besten über Nacht) mit Wasser von gewöhnlicher Temperatur weichen. Dieses Weichen soll jedoch nicht länger als 18 Stunden dauern. Mit der Extraktion beginnt man bei 30° C in folgender Weise: Ist der Inhalt des Extraktionsgerätes auf 30° C erwärmt, so läßt man den gesamten Inhalt, rd. 120 bis 150 cm³, in einen Litermeßkolben ablaufen und erhöht die Temperatur im Extrakteur auf 40° C. Man erwärmt durch 30 Minuten, läßt wieder den ganzen Inhalt ablaufen und erhöht abermals die Temperatur um 10° C. Dies wird fünfmal bis zur Temperatur von 70° C wiederholt. Hierauf wird die Temperatur rasch bis zum Kochen des Wasserbades unter gleichzeitigem, ununterbrochenem Abtropfen der Lösung erhöht. Das Auslaugen soll insgesamt 4 Stunden dauern. Die übrigen Bedingungen sind die gleichen wie bei dem vorbeschriebenen Verfahren.

Um bei der Extraktion eine Lösung zu erhalten, welche die vorgeschriebene Konzentration von 3,75 bis 4,25 g Gerbstoff auf einen Liter hat, müssen in den Extrakteur etwa nachstehende Mengen Gerbmittel abgewogen werden.

Ungefähre Menge der für 1 Liter Analysenlösung nötigen Gerbmittel:

	Gramm
Canaigre	15—18
frisches Kastanienholz	50
trockenes Kastanienholz	38—42
Quebrachoholz	12—21
Hemlockrinde	32—36
Mimosarinde	10—14
Eichenrinde	35—45
Mangroverinde	10—12
Malettrinde	8—9
Fichtenrinde	25—30
Myrobalanen (entkernt)	10
ganze Myrobalanen	10—14
Valonea	12—15
Trillo	9—10
Dividivi	8—10
Algarobilla	10
Téri und Gonakie	10
Sumachblätter	15—20
Knoppern	10—14

Gerbextrakte.

Feste Extrakte.

Die festen Gerbextrakte werden vor dem Abwiegen in Porzellan-Reibschalen zerkleinert. Manche Extraktblöcke weisen an verschiedenen Stellen verschiedene Feuchtigkeit auf. Oft lassen sich die Extrakte, wenn sie ungenügend getrocknet sind, überhaupt nicht zerreiben. Diesfalls werden die Blöcke in größere Stücke gebrochen; diese werden abgewogen und durch mehrere Stunden im elektrischen Trockenschrank bei 70° C getrocknet. Dann läßt man sie (am besten über Nacht) auf die Laboratoriumstemperatur abkühlen. Dieser so getrocknete Extrakt wird gewogen und der Feuchtigkeitsverlust berechnet. Die Analysenergebnisse, die mit dem vorgetrockneten Extrakt erzielt wurden, werden dann auf die ursprüngliche Feuchtigkeit umgerechnet. Teigförmige Extrakte (z. B. Gambir u. a.) werden in kleinere Teile geteilt, und dann geht man so vor, wie oben angedeutet. Um eine Analysenlösung von vorgeschriebener Stärke zu erhalten, muß auf einen Liter ungefähr nachstehende Menge Extrakt gelöst werden:

	Gramm
fester Kastanien- und Eichenextrakt	5,5—6,5
fester Mangroveextrakt	6
fester Quebrachoextrakt, natürlich od. löslich	5—6
fester Mimosarindenextrakt	6—7
fester Katechuextrakt	10
fester Würfelgambirextrakt	10—12
fester Stückgambirextrakt	12—14
fester Fichtenrindenextrakt	6—7
fester Myrobalanenextrakt	6—7

Flüssige Extrakte.

Das Muster des flüssigen Extraktes wird mit einem Glasstabe gründlich durchgemischt, um ein einheitliches Muster zu erzielen und den allf. Bodensatz gleichmäßig zu verteilen.

Stark viskose Extrakte werden im Wasserbade auf 45° C erwärmt, dann gründlich durchgemischt; hierauf läßt man sie auf 17 bis 18° C abkühlen und wiegt. Die Menge, die zur Analyse abgewogen werden muß, ist aus folgenden Zahlen ersichtlich:

	Gramm
flüssiger Kastanienextrakt	10—12
flüssiger sulfitierter Quebrachoextrakt	8—12
flüssiger Mimosaextrakt	10—12
flüssiger Eichenholzextrakt	14—16
flüssiger Sumachextrakt	14—15
flüssiger Eichenrindenextrakt	16
flüssiger Myrobalanenextrakt	10—15
flüssiger Fichtenrindenextrakt	12—14
flüssiger Hemlockextrakt	11—13
flüssiger Sulfitzelluloseextrakt	12—20
synthetische Gerbstoffe	12—15

Das Lösen der Extrakte für die Analyse.

Die Analysenlösung muß 3,75 bis 4,25 g durch Hautpulver adsorbierbaren Gerbstoff auf einen Liter enthalten. Der Extrakt wird für die Analyse auf Analysenwaagen auf 0,001 g genau so rasch als möglich gewogen, damit nicht durch Verdampfen Wasserverluste entstehen. Man geht am besten in der Weise vor, daß man auf der Analysenwaage eine Abdampfschale laut Abb. 1 austariert, sie auf eine gröbere (Apotheker-) Waage setzt, auf der man zu der Tara das entsprechende Gewicht hinzugibt und in die Schale die nötige Menge Extrakt abwiegt und mit einem Deckel zudeckt. Hierauf wird die Schale und die Tara abermals auf die Analysenwaage übertragen, wo auf 0,001 g genau abgewogen wird. Der Extrakt in der Schale wird mit kochendem Wasser gelöst und die Lösung wird durch einen Trichter in den Literkolben abgegossen. Ist auf diese Weise der gesamte Extrakt in den Kolben gespült, so bewegt man den Kolben, damit die Lösung durchgemischt wird, und füllt mit kochendem Wasser bis dicht unter den Anfang des Halses, worauf der volle Kolben 20 Minuten im kochenden Wasserbade stehen gelassen wird, damit in der ganzen Menge der Lösung die Temperatur so nahe als möglich 100^0 C erreicht. Die so erhaltene Analysenlösung wird innerhalb einer Stunde mit Wasser von $17,0^0$ C auf $17,5^0$ C abgekühlt. Das Kühlgefäß möge so groß als möglich und mit Wasser so gefüllt sein, daß der Kolben bis zur Marke eingetaucht ist.

Durch oftmaliges Drehen des Kolbens erreicht man ein gleichmäßiges Sinken der Temperatur des ganzen Inhaltes. Diese Vorschrift für die Zubereitung und Kühlung der Analysenlösung muß genau eingehalten werden, denn wie Kubelka und Bĕlavsky nachgewiesen haben (Collegium 1925, S. 111), hängt die Menge der unlöslichen Stoffe von der Temperatur des beim Lösen des Extraktes verwendeten Wassers und von der Art der Kühlung der Lösung ab. Besonders muß man sich vor der Unterkühlung der Lösung in der Nähe der Wände infolge zu kalten Wassers aus der Wasserleitung hüten, denn hiebei werden oft unlösliche Trübungen ausgeschieden, welche sich nach dem abermaligen Erwärmen auf 17,5° C nicht mehr lösen.

Zum Lösen der Extrakte der Gonakie, des Sumachs, der Myrobalanen und auch bei den sogenannten synthetischen Gerbstoffen darf Wasser von bloß 70° C genommen werden. So oft zum Lösen Wasser von niedrigerer Temperatur als 100° C verwendet wird, muß dies im Protokolle ausdrücklich angeführt werden.

IV. Kapitel.

Spezifisches Gewicht.
Gesamttrockensubstanz (Wassergehalt).
Lösliche Trockensubstanz (unlösliche Stoffe).

Bestimmung der Dichte (spezifischen Gewichtes) der Extrakte.

Die Dichte wird zumeist mit Dichtemessern durch unmittelbares Messen bestimmt. Bei dickflüssigen Extrakten wird die Dichte in Baumégraden ausgedrückt und durch °Bé bezeichnet. Dünnflüssige Extrakte werden nach Eitner'schen Graden oder Barkometergraden (°E.) gemessen. Diese Grade geben direkt das spezifische Gewicht an, denn es gilt die Relation:

$$°E = 1000 \text{ (spezifisches Gewicht} - 1) \text{ oder}$$

$$\text{spezifisches Gewicht} = \frac{°E}{1000} + 1$$

Zur Ueberführung der verschiedenen Ausdrucksweisen der Dichte von Gerbstoffextrakten dient nachstehende Tabelle. Die Bestimmung der Dichte auf diese rasche und genaue Art geschieht bei derjenigen Temperatur, welche auf jedem Dichtemesser angegeben ist (gewöhnlich 17,5° C).

Zur raschen und praktischen Bestimmung des spez. Gewichtes der flüssigen Extrakte, bezw. der Brühen, sind die Pyknometer nach Kovář-Frič (siehe Abb. 8) gut geeignet, welche in der Zuckerindustrie zur Dichtemessung der Melasse verwendet werden. Dieselben sind für das Mohr'sche System kalibriert, das heißt für einen Inhalt, den 100 g destilliertes Wasser bei einer Temperatur von 17,5° C einnehmen, wenn sie an der Luft mit Messinggewichten gewogen sind. Für das leichtere Verständnis sei bemerkt, daß 100 cm³ bei 17,5° C nach Mohr 100,235 tatsächlichen cm³ gleich sind ($\frac{20°}{4°}$ metrisch).

Die Dichtentabelle.

Spezifisch. Gewicht: 1	Bé 0	E 0	Spezifisch. Gewicht: 1	Bé 0	E 0
1,0007	0,10	0,7	1,0463	6,50	46,3
1,0014	0,20	1,4	1,0501	7,00	50,1
1,0020	0,30	2,0	1,0539	7,50	53,9
1,0027	0,40	2,7	1,0576	8,00	57,6
1,0034	0,50	3,4	1,0615	8,50	61,5
1,0041	0,60	4,1	1,0653	9,00	65,3
1,0048	0,70	4,8	1,0692	9,50	69,2
1,0055	0,80	5,5	1,0731	10,00	73,1
1,0062	0,90	6,2	1,0810	11,00	81,0
1,0069	1,00	6,9	1,0890	12,00	89,0
1,0076	1,10	7,6	1,0971	13,00	97,1
1,0082	1,20	8,2	1,1054	14,00	105,4
1,0089	1,30	8,9	1,1138	15,00	113,8
1,0096	1,40	9,6	1,1223	16,00	122,3
1,0103	1,50	10,3	1,1310	17,00	131,0
1,0110	1,60	11,0	1,1398	18,00	139,8
1,0117	1,70	11,7	1,1487	19,00	148,7
1,0124	1,80	12,4	1,1578	20,00	157,8
1,0131	1,90	13,1	1,1670	21,00	167,0
1,0138	2,00	13,8	1,1763	22,00	176,3
1,0173	2,50	17,3	1,1858	23,00	185,8
1,0209	3,00	20,9	1,1955	24,00	195,5
1,0244	3,50	24,4	1,2053	25,00	205,3
1,0280	4,00	28,0	1,2153	26,00	215,3
1,0316	4,50	31,6	1,2254	27,00	225,4
1,0353	5,00	35,3	1,2357	28,00	235,7
1,0389	5,50	38,9	1,2462	29,00	246,2
1,0426	6,00	42,6	1,2569	30,00	256,9

Bei der Erzeugung der Pyknometer gelingt es selten, den geforderten Inhalt von 100 cm³ genau zu erreichen. Damit es möglich ist ohne Umrechnung unmittelbar, indem man das Gewicht der Flüssigkeit durch 100 teilt, das spez. Gewicht zu errechnen, führte Kovář für seine Pyknometer, welche einen um ± 0,3 cm³ von 100 cm³ abweichenden Inhalt haben, die sogenannte Korrektionstara ein. Die Korrektionstara entspricht nicht dem Gewichte des leeren, trokkenen Pyknometers, sondern wiegt eben um die betreffende Inhaltskorrektur mehr oder weniger, als dem genauen Inhalt von 100 cm³ entspricht. Beim Pyknometer nach Kovář-Frič erreicht man in der Regel mit einer Kappillare genau den Inhalt von 100 cm³. In diesem Falle entfällt die Tarakorrektur auf 100 cm³, und das Gewicht des leeren Pyknometers gleicht dem Gewichte der zugehörigen Tara. Ist dies nicht der Fall, dann muß man für jeden Pyknometer einige Taragewichte mit der zugehörigen Korrektur haben. Mehrere Taragewichte brauchen wir deshalb, weil sich die Korrektur mit dem spez. Gewichte ändert und es würde sich beim Bestimmen des spez. Gewichtes verschieden dichter Lösungen ein Fehler ergeben. Diesen Fehler beseitigen wir praktisch, wenn wir die Taragewichte mit Korrekturen für folgenden Bereich der spez. Gewichte verwenden.

Abbildung 8.

a) für das spez. Gewicht 1,0001—1,1000
b) ,, ,, ,, ,, 1,1000—1,2000
c) ,, ,, ,, ,, 1,2000—1,3000
d) ,, ,, ,, ,, 1,3000—1,4000

Die Taragewichte sind aus Glasröhrchen angefertigt, die mit feinem Schrot gefüllt sind und entweder zugeschmolzen, oder mit einem Glasstopfen verschlossen sind.

Das reine und trockene Pyknometer ($= A\,g$) wird zunächst gewogen, dann wird es sorgfältig mit dem Extrakte, welcher eine Temperatur von 17,5° C hat gefüllt; dann wird wieder gewogen ($= B\,g$); und schließlich wird nach gründlichem Waschen das mit destilliertem Wasser gefüllte Pyknometer gewogen ($= C\,g$). Das spez. Gewicht des Extraktes $= \frac{(B-A)}{(C-A)}$.

Mit grober Genauigkeit kann man das Pyknometer auch zur Bestimmung der Dichte der Festextrakte laut nachstehender Vorschrift benützen.

Die festen Extrakte werden gesondert gewogen und in das Pyknometer gegeben (es sei $D =$ das Gewicht des abgewogenen festen Extraktes), worauf das

Pyknometer mit Wasser nachgefüllt und gewogen wird ($= E$).

Dann ist: $E - A - D =$ das Gewicht des Wassers im Pyknometer und

$(C - A) - (E - A - D) =$ das Gewicht des vom Extraktmuster verdrängten Wassers (Volumen des Extraktes).

Das spez. Gewicht des Extraktes $= \dfrac{D}{(C-A) - (E-A-D)}$

Bestimmung des Wassers und der Gesamttrockensubstanz.

Die Summe der Feuchtigkeit und der Gesamtmenge der festen Stoffe macht für alle untersuchten Gerbmaterialien selbstverständlich 100% aus und die Bestimmung eines dieser Werte ist vollkommen hinreichend. Bei der Analyse wird regelmäßig die Trockensubstanz bestimmt und der Wassergehalt aus dem Unterschiede berechnet. Gleichzeitig soll jedoch derselbe immer zur Kontrolle bei allen Gerbmitteln durch unmittelbares Trocknen in folgender Weise bestimmt werden:

Auf der Analysenwaage werden 1 bis 2 g des gemahlenen Gerbmittels in einer Abdampfschale, die oben beschrieben ist, genau abgewogen. Man trocknet bei 100^0 C im Trockenschrank bis zum konstanten Gewicht, was gewöhnlich 6 Stunden in Anspruch nimmt. Dann läßt man im Exsikkator 20 Minuten auskühlen und wägt. Beim Bestimmen der Trockensubstanz (Wert **a** in der Uebersicht in Kap. I) geht man auf folgende Weise vor: 50 cm^3 der Analysenlösung, welche gründlich durchgerührt wurde, pipetiert man in die gewogene Abdampfschale, und dampft auf dem Wasserbade bis zur Trockene ab. Dann wird 4 Stunden im Trockenschranke bei 100^0 C getrocknet, im Exsikkator abgekühlt und auf 0,1 Milligramm genau auf der Analysenwaage gewogen.

Das Trocknen und Wägen wird bis zur Gewichtskonstanz wiederholt; in normalen Fällen genügt das Trocknen während der angegebenen Zeit zur Erlangung des konstanten Gewichtes. Beim Herausnehmen aus dem Exsikkator dürfen die Schalen nicht abgewischt werden.

Unlösliche Stoffe.

(Wert c aus dem I. Kapitel.)

Begriff und Grundsatz der Bestimmungsmethode.

Die Bestimmung der sogenannten unlöslichen Stoffe ist, wie aus der Analysenübersicht im Kapitel I hervorgeht, eine der zwei Grundbestimmungen bei der Gerbstoffanalyse. Dieser Teil der Gerbstoffanalyse ist seit den ältesten Zeiten bis zum heutigen Tage die unzuverlässigste aller ihrer Bestimmungen. Seit Jahrzehnten strengen sich die internationalen Organisationen der Lederindustriechemiker an, für die Bestimmung der unlöslichen Stoffe in den Gerbmitteln ein Verfahren zu finden und vorzuschreiben, welches wenigstens ungefähr vergleichbare Ergebnisse liefern würde; doch war diese Mühe bisher erfolglos. Eine Uebersicht aller Verfahren, die für diesen Zweck seit dem Jahre 1902 vorgeschlagen wurden, gab einer von uns (K) seinerzeit im Collegium.[2])

Die Erfolglosigkeit aller Bemühungen zur Vereinheitlichung des Verfahrens zur Bestimmung der unlöslichen Stoffe wird klar und begreiflich, wenn man sich vergegenwärtigt, was es für Stoffe sind, die wir bei der Analyse als „unlöslich" bezeichnen; es geht dann daraus ohne weiteres hervor, daß die bis heute angewendeten Verfahren zu einer solchen Bestimmung eigentlich ganz ungeeignet sind.

Zur Bestimmung der sogenannten „unlöslichen" Stoffe in Gerbstofflösungen wird nach den offiziellen Vorschriften ausschließlich die Filtration angewendet. Es wird die Trockensubstanz des Abdampfrückstandes von 50 cm^3 der ursprünglichen trüben Lösung bestimmt und dann die Trockensubstanz von 50 cm^3 derselben filtrierten (klaren) Lösung; aus dem Unterschiede der Trockensubstanzen werden die unlöslichen Stoffe berechnet. Zum Filtrieren dienen entweder Siebfilter (z. B. das Filterpapier), bei denen nur Teilchen, die größer sind als die Poren des Filters, zurückgehalten werden, oder die sog. Adsorptionsfil-

---

[2]) Kubelka-Bělavský. Beitrag zur Definition und Bestimmungsmethode der sog. unlöslichen Stoffe in Gerbextrakten Teil I. Coll. 1925 S. 75. Teil II. Coll. 1925 S. 111. Teil III. Coll. 1925 S. 245.

ter, bei denen unlösliche, in der Lösung verteilte Teilchen infolge der Adsorptionskraft in der Filtersubstanz haften bleiben (z. B. die Berkefeldkerze). Die offizielle internationale Methode schreibt nach amerikanischem Muster Filtrierpapier vor, in den europäischen Ländern wird der Berkefeldkerze gewöhnlich der Vorzug gegeben.

Beide dieser Vorschriften übersehen vollkommen, daß das Filtrieren für die oben angeführte Aufgabe ein vollkommen ungeeignetes Verfahren ist.

Durch eine Filtration können die unlöslichen Stoffe in der Lösung nur dann bestimmt werden, wenn es sich um wirklich u n l ö s l i c h e Stoffe handelt, die in echten Lösungen enthalten sind. In diesem Falle kann man die unlöslichen Stoffe quantitativ abfiltrieren. In solchem Falle muß man nur darauf achten, daß durch entsprechende Vorkehrungen der Einfluß der Adsorptionskraft der Filtermasse auf die gelösten Stoffe beseitigt wird (den ersten Teil des Filtrates abgießen, Korrektur für die Adsorptionskraft des Filters einführen usw.).

Die Bezeichnung „unlösliche Stoffe" in dem oben angeführten Sinne des Wortes trifft jedoch nur in dem Falle zu, wenn es sich um w a h r e L ö s u n g e n handelt, wie dieselben z. B. durch molekular-aufgelöste Kristalloide gebildet werden.

Bei den E x t r a k t e n der natürlichen pflanzlichen Gerbmittel versagt eine solche Vorstellung vollkommen. In diesen Lösungen befinden sich weder Gerbstoffe noch die übrigen begleitenden Stoffe in Form echter Lösungen, sondern in Form eines heterogenen Systems, welches „kolloidale Lösung" genannt wird. Bei dieser ist die Größe der unlöslichen Teilchen, die im Wasser verteilt sind, sehr verschieden: eine Gerbstofflösung enthält gleichzeitig Teilchen von molekularer Größe neben Teilchen, die steigend größer und größer sind, bis zu Teilchen mikroskopischer Größe (Suspension). Alle diese Teilchen — mit Ausnahme einer unwesentlichen Menge tatsächlich gelöster Stoffe — sind im physikalisch-chemischen Sinne im Wasser unlöslich, bilden mit Wasser ein heterogenes System.

Die physikalisch-chemische Bezeichnung „unlösliche Stoffe" eignet sich daher nicht für die Zwecke der Gerbstoffanalyse, umsomehr, als bei derselben dadurch nur solche Stoffe bezeichnet werden, deren Teilchen so groß sind, daß sie nicht in die Zwischenräume der Faserbündel der Blöße eindringen und beim Stehenlassen der Lösung sich am Boden in Form von Satz absetzen (das sind Teilchen, deren Durchmesser größer als $1\,\mu$ ist). Alle anderen Stoffe, welche im Wasser feiner verteilt sind, werden dabei als „löslich" bezeichnet, was vollkommen unrichtig ist.

Genau genommen, sollten wir bei der Gerbstoffanalyse die Menge jener Stoffe bestimmen, deren Teilchen in der Lösung einen größeren Durchmesser als $1\,\mu$ haben, und diese nicht als „u n l ö s l i c h e", sondern besser als **unwirksame** oder satzbildende Stoffe angeben. Zu einer derartigen Bestimmung eignet sich das Filtrieren allerdings nicht. Dazu wäre ein grundsätzlich anderes Verfahren, z. B. die quantitative Sedimentation, oder das Zentrifugieren geeignet (siehe z. B. Vorschlag in Kubelka und Bělavský, l. c., weiter Kubelka-Němec, Collegium 1929).

Außer grundsätzlicher Unrichtigkeit dieses Verfahrens selbst, werden Unstimmigkeiten in den Ergebnissen beim Bestimmen der unlöslichen Stoffe nach den offiziellen Vorschriften auch durch den Umstand verursacht, daß die Größe der Teilchen in der Gerbstofflösung nicht immer die gleiche bleibt, sondern daß sie sich sehr leicht bei wechselnden äußeren Umständen ändert. Hauptsächlich folgende Umstände haben oft bedeutende Aenderungen der Teilchengröße des Gerbstoffes zur Folge.

1. Die Temperatur und ihre Veränderungen beim Herstellen der Lösung und bei der Analyse. Die Veränderungen der Temperatur bewirken oft eine dauernde Veränderung der Teilchengröße, sodaß beim Zurückgehen der Temperatur auf die ursprüngliche Höhe die Teilchen ihre ursprüngliche Größe nicht wieder annehmen (irreversible Größenänderung). Daher müssen die angeführten Vorschriften für die Herstellung der Analysenlösung ängstlich eingehalten werden; hauptsächlich gilt dies für die Temperatur beim L ö s e n des Extraktes und für den Vorgang des Abkühlens der Lösung. Denn jede, selbst die geringste Abweichung hat beim Bestimmen der unlöslichen Stoffe bedeutende Unterschiede im Ergebnis zur Folge, gleichgültig nach welcher Methode auch gearbeitet werden mag.

2. Die Konzentration der Lösung hat auf den gefundenen Prozentsatz des Unlöslichen ebenfalls einen großen Einfluß. Daher kann man aus einer Bestimmung der unlöslichen Stoffe bei der sogenannten analytischen Konzentration **nicht** allzuweitreichende Schlüsse darauf ziehen, wie sich der betreffende Extrakt in der Praxis bei verschiedenen Konzentrationen verhalten wird. Die meisten üblichen Extrakte weisen mit der Steigerung der Konzentration auch eine Steigerung des Prozentsatzes der unlöslichen Stoffe bis zu einer gewissen Grenze auf, die bei der Mehrzahl der Extrakte zwischen 8 bis 10º Bé liegt. Eine weitere Erhöhung der Konzentration hat gewöhnlich ein Sinken des Prozentsatzes der sogenannten unlöslichen Stoffe zur Folge und zwar so, daß die Mehrzahl der Extrakte bei 25 bis 30º Bé von unlöslichen Stoffen frei ist. Die einzige Ausnahme ist laut unserer Erfahrung der rohe Quebrachoextrakt. Nähere Angaben siehe bei K u b e l k a [3]). Daher muß empfohlen werden, bei unbekannten Extrakten die übliche Analyse stets durch eine Reihe von Konzentrationsversuchen zu ergänzen, damit man eine Uebersicht über das Verhalten der Löslichkeit des Extraktes bei verschiedenen Konzentrationen gewinnt. (Siehe die weiter unten angeführte Vorschrift.)

3. Die Azidität der Lösung (Konzentration der Wasserstoffionen) hat ebenfalls einen großen Einfluß auf die Menge der unlöslichen Stoffe. Je größer die Azidität der Lösung ist, desto mehr unlösliche Stoffe erscheinen bei der Analyse. Kubelka und Bělavský (l. c.) fanden, daß für jeden Extrakt eine Azidität existiert, bei der plötzlich ein großer Teil der Gerbstoffe sich in beträchtlich großen Teilchen niederschlägt. Diesen Säuregrad nennen wir „Niederschlagspunkt". Diese Zahl ist für jedes Gerbmittel charakteristisch, z. B.:

bei Quebrachoextrakt beginnt der Niederschlag bei $pH = 2{,}7$ bis $2{,}8$

bei Eichenholzextrakt beginnt der Niederschlag bei $pH = 1{,}7$ bis $1{,}8$

bei Kastanienholzextrakt beginnt der Niederschlag bei $pH = 1{,}8$ bis $1{,}9$.

---

[3]) K u b e l k a, Jubiläumssammelwerk der tschechischen Technischen Hochschule in Brünn 1926.

Diese Zahlen zeigen an, wie weit man die Einzelnen Extrakte ansäuern kann (in der Praxis z. B. in Sauerbrühen), ohne daß große Gerbstoffverluste in Form von unlöslichen Ausscheidungen entstehen. Bei den Analysen hat die Berücksichtigung des Säuregrades hauptsächlich bei den Analysen alter Gerbstoffbrühen (aus den Farben etc.) Bedeutung.

Das Alkalischmachen der Gerbstoffextrakte hat regelmäßig ein Sinken der unlöslichen Stoffe zur Folge, so daß beim Neutralisationspunkt (pH $=$ 7) und bei schwacher Alkalität (pH $>$ 7) in den natürlichen Gerbstoffextrakten praktisch keine sogenannten unlöslichen Stoffe enthalten sind (ausgenommen die wirklich unlöslichen Unreinheiten, wie Sand, Sägespäne usw.).

In der analytischen Praxis machen sich diese Einflüsse des Säuregrades hauptsächlich dort geltend, wo zum Lösen der Gerbmittel nicht destilliertes, sondern gewöhnliches Wasser verwendet wird, das oft eine bedeutende Alkalität aufweist.

Alles was vorangeschickt wurde, muß sich der Analytiker bei der Gerbstoffanalyse vergegenwärtigen, um den Wert der Bestimmung der sogenannten unlöslichen Stoffe in den Gerbstoffextrakten beurteilen zu können und um allfällige Unterschiede und Unstimmigkeiten der Ergebnisse bei verschiedenen Analysen erklären zu können. Die wichtigste Bedingung für das Uebereinstimmen der Analysen ist das unbedingt genaue Einhalten der Vorschriften für die Herstellung der Analysenlösung.

In sämtlichen europäischen Staaten, und daher auch in der Tschechoslowakischen Republik, wurde bis zum Jahre 1928 für die Bestimmung der unlöslichen Stoffe in Gerbstofflösungen zum Filtrieren die sogenannte Berkefeldkerze verwendet. Die neue internationale offizielle Methode für die Analyse der Gerbstoffe schreibt die amerikanische Methode der Filtration durch Papier Nummer 590 von Schleicher & Schüll unter Verwendung einer Kaolinschichte vor.

Wir beschreiben hier beide Arten der Filtration. Bei jeder Analyse möge ausdrücklich angegeben werden, nach welcher Methode die unlöslichen Stoffe bestimmt worden sind.

Das Filtrieren der Analysenlösung nach der internationalen offiziellen Vorschrift
(mit Papier und Kaolin).

Etwa 75 cm³ der Analysenlösung des Gerbmittels geben wir in ein Becherglas, fügen 1 g Kaolin*) hinzu, rühren gründlich um und gießen alles rasch auf ein Faltenfilter Nr. 590 von Schleicher & Schüll, das einen Durchmesser von 15 cm hat. Die ersten 25 cm³ des Filtrates fangen wir in dasselbe Becherglas auf und gießen sie nochmals auf das Filter. Diesen Vorgang wiederholen wir fortgesetzt eine Stunde hindurch, wobei wir uns bemühen, das gesamte Kaolin auf das Filter zu bekommen. Sodann entfernen wir die gesamte Lösung vom Filter in der Weise, daß wir sie mit Hilfe einer Pipette vorsichtig absaugen. Nun gießen wir auf das Filter einen frischen Teil der Lösung, und filtrieren so lange, bis das Filtrat vollkommen klar ist. Erst dann beginnen wir das Filtrat zu sammeln, bis wir die zum Abpipetieren von 50 cm³ nötige Menge haben. Das Filter soll ununterbrochen bis zum Rande gefüllt sein, die Temperatur der Lösung 18° C, der Trichter mit dem Filter, sowie das Gefäß in dem wir das Filtrat auffangen, sollen zugedeckt sein. Als optisch klar kann eine solche Lösung angesehen werden, welche folgenden Bedingungen entspricht: Die Fäden einer elektrischen Glühlampe müssen ganz deutlich sichtbar sein, wenn sie durch eine 5 cm starke Schichte der Lösung betrachtet werden. Stellen wir eine 1 cm hohe Schichte der Lösung im Becherglase auf schwarzes Glas oder auf ein schwarzes glänzendes Papier und betrachten sie von oben, so darf diese Schicht bei guter Beleuchtung nicht opalisieren.

Das Filtrieren der Analysenlösung mit der Berkefeldkerze.

Die Berkefeldkerzen sind aus gebrannter Infusorienerde in Form eines dickwandigen Reagenzglases hergestellt. Für die offizielle Analyse der Gerbstoffe werden Kerzen in der Länge von 130 mm, einem Außendurchmesser von 27 mm und einem Innendurchmesser von 17 mm verwendet (siehe Abb. 9).

---

*) Reinigung und Vorbereitung des Koalins siehe S. 68.

Abb. 9.

Sie werden von der Berkefeld-Filtergesellschaft in Celle in Deutschland hergestellt; bei der Bestellung soll ausdrücklich angegeben werden, daß es sich um Kerzen für Gerbstoffanalysen nach der Vorschrift der internationalen Gesellschaft der Lederindustriechemiker handelt.

Neue Kerzen müssen, bevor man sie zum Filtrieren verwendet, einige Tage mit einer 10%igen Salzsäurelösung durchgewaschen werden, die man zeitweise erneuert. Dann werden sie auf dem Wasserbade mit Salzsäure gekocht, damit lösliche Stoffe und Spuren von Eisen entfernt werden. Die Salzsäure wird durch Waschen mit destilliertem Wasser entfernt. Schließlich werden sie bei 100° C getrocknet.

Das Reinigen gebrauchter Kerzen nach Kubelka:

(Vorschrift, welche am Pariser Kongreß der S. L. T. C. 1925 und am Wiener Kongreß des I. V. L. I. C. 1926 angenommen wurde, siehe Journal der S. L. T. C. 1925).

Gebrauchte Kerzen werden zuerst in fließendem Wasser abgespült, dann saugt man durch sie destilliertes Wasser von 70—75° C so lange, bis es vollkommen klar herausfließt. Nach diesem Durchwaschen wird Luft nachgesogen, damit aus den inneren Poren der Kerze das Wasser entfernt wird.

Nun werden die Kerzen in ein Becherglas oder eine Porzellanschale gebracht, die mit einer Mischung von 1 Teil einer (bei 30° C gesättigten) Kaliumbichromatlösung und 5 Teilen chemisch reiner Schwefelsäure von der Dichte von 66° Bé gefüllt sind. Die Lösung wird auf dem Wasserbade auf 60—70° C erwärmt und die Kerzen darin durch 24 Stunden belassen. Die Reinigungsflüssigkeit wird aus den Kerzen in der Weise entfernt, daß diese abermals an die Absaugevorrichtung (A) angeschlossen werden und destilliertes Wasser so lange durchgeleitet wird, bis die Reaktion mit Bariumchlorid auf Schwefelsäure negativ ist. Für das Durchwaschen der Kerzen mit destilliertem Wasser bewährt sich vorzüglich die einfache Einrichtung, die auf Abbildung 10 angedeutet ist.

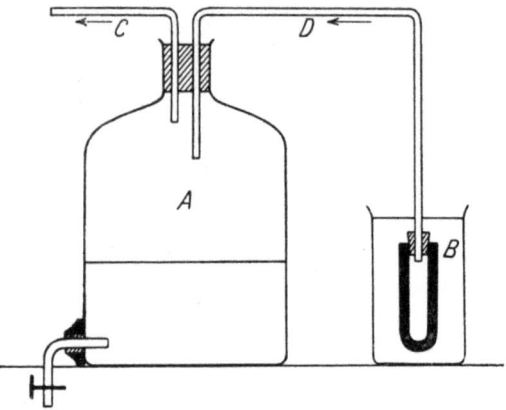

Abb. 10. Das Reinigen der Berkefeldkerzen.

A ist eine große Glasflasche, die am Boden mit einem Abflußtubus versehen ist, durch den ein Röhrchen hindurchgeht, das mit einem Quetschhahn abgeschlossen ist. Oben ist sie mittels eines doppel gebohrten Stöpsels verschlossen, durch welchen die Rohre C und D hindurchgehen. Das Rohr C ist an eine Wasser-Luftpumpe angeschlossen und an das Rohr D wird die reine Kerze B befestigt, die in ein mit destilliertem Wasser gefülltes Becherglas eintaucht.

Die durchgewaschenen Kerzen werden im Trokkenschrank bei einer Temperatur von 100° C getrocknet. Die Chromsäurelösung kann öfter benützt werden.

Das Filtrieren mit der Berkefeldkerze nach Kubelka und Bělavský.

Die Filtriereinrichtung ist in folgender Weise angeordnet (siehe Abb. 11): In einen oben erweiterten Zylinder A mit der analytischen Gerbstofflösung wird die Berkefeldkerze B gestellt, an die das entsprechend gebogene Rohr C angeschlossen ist (Heber). Der Höhenunterschied zwischen der Steighöhe der Lösung im Zylinder und dem unteren Ende des Rohres muß 75 cm betragen. Anfangs läßt man die Lösung durch ihr Eigengewicht in die Berkefeldkerze filtrieren, bis die Steighöhe der durchfiltrierten Lösung im kürzeren Arm des Rohres C mit der Flüssigkeitshöhe im Zylinder gleich ist. Die hiezu nötige Zeit beträgt rd. 5 bis

10 Minuten. Nun wird mit einem Kautschukschlauche die Lösung langsam so weit angesogen, bis sie durch den längeren Arm des Rohres C selbständig abläuft. Die ersten 200 cm³ des Filtrates werden fortgegossen und zur Bestimmung des Abdampfrückstandes weitere 50 cm³ verwendet. Beim Filtrieren darf man nicht auf die sogenannte optische Klarheit des Filtrates achten. Die Unbestimmtheit dieser Eigenschaft wurde in den Arbeiten Kubelkas und Bělavskýs (1.c.) gezeigt, ebenso wie der Widersinn des wiederholten lang dauernden Filtrierens, im Verlaufe dessen sich aus der Berkefeldkerze sogar ein Adsorption-Ultrafilter bilden kann, das imstande ist, auch Gerbstoffe festzuhalten. (Kubelka-Bělavský, Collegium 1925.)

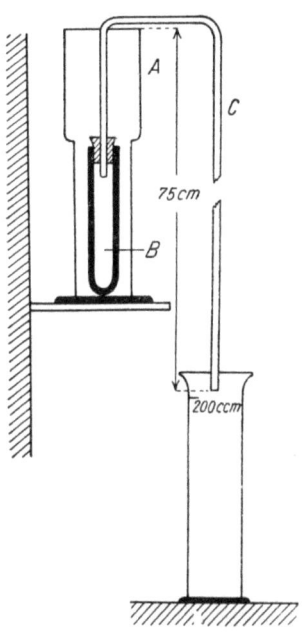

Abb. 11. Filtrieren mit der Berkefeld-Kerze nach Kubelka-Bělavský.

Filtrieren mit Berkefeldkerzen unter Benützung der Wasserluftpumpe.

Das Filtrieren kann auch nach der älteren Methode unter Benützung der Wasserluftpumpe (siehe Abb. 12) durchgeführt werden. In den Zylinder A mit der analytischen Gerbstofflösung wird die Berkefeldkerze B eingetaucht, die durch das Rohr C mit dem Kolben D verbunden ist. Der Kolben D ist durch das Rohr E mit der Sicherungsflasche F verbunden, und von dieser führt dann das Rohr G zur Wasserluftpumpe. Zu Beginn des Filtrierens verwenden wir bloß ein schwaches Vakuum so lange, bis die Lösung das Rohr C vollkommen füllt, und erhöhen dann erst das Vakuum auf den vollen Druck der Wasserpumpe. Die ersten 200 cm³ des Filtrates, das in dem Kolben D auf-

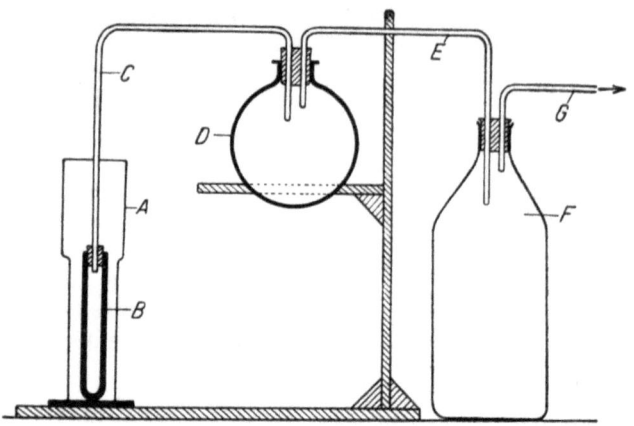

Abb. 12. Filtrieren mit der Berkefeldkerze an der Wasserstrahlluftpumpe.

gefangen wurde, benützen wir zum Ausspülen dieses Kolbens und der Meßpipette, worauf wir sie ausschütten. Zur Bestimmung des Verdampfungsrückstandes werden die folgenden 50 cm^3 verwendet.

Die gesamte Dauer des Filtrierens soll rd. 45 bis 55 Minuten dauern. Gegenüber dem Filtrieren nach Kubelka und Bělavský hat diese (Freiberger) Methode den Nachteil, daß der verwendete Druck der Wasserpumpe nicht in allen Laboratorien gleich zu sein pflegt, denn er hängt von einer ganzen Reihe von äußeren Umständen ab (ungleichmäßiger Wasserdruck in verschiedenen Wasserleitungen, Aenderung des Druckes im Verlaufe der Filterung usw.). Da das Ergebnis der Filtrierung unmittelbar vom Ueberdrucke abhängt, der für das Filtrieren verwendet wird, werden beim Benützen dieser Methode leicht Unterschiede in den Ergebnissen verschiedener Laboratorien verursacht.

Berechnung der sogenannten unlöslichen Stoffe.

Die sogenannten unlöslichen Stoffe werden aus dem Unterschiede zwischen dem Gewichte des Verdampfungsrückstandes der ursprünglichen Lösung (a) und dem Gewichte des Verdampfungsrückstandes der gefilterten Lösung bestimmt. Hiebei möge stets die Art der Filterung angegeben werden, z. B. Unlösliches (Berkefeldkerze) ist gleich a — b ist gleich ... %. Die

Bestimmung, Trocknung und das Wägen des Verdampfungsrückstandes (b) erfolgt in der gleichen Weise, wie beim Verdampfungsrückstande (a) angegeben wurde (siehe Kap. III). Bei den natürlichen Gerbstoffen, bei denen die Feuchtigkeit unmittelbar bestimmt wird, berechnen wir die Menge der unlöslichen Stoffe aus dem Unterschiede zwischen 100 % und der Summe der Mengen löslicher Stoffe und der Feuchtigkeit.

Konzentrationsversuche mit Bezug auf die Menge des ausgeschiedenen Satzes.

Aus Gründen, die in der Einleitung ausgeführt wurden, kann man aus der zahlenmäßigen Bestimmung „der nichtlöslichen Stoffe", die einzig und allein in der analytischen Lösung durchgeführt wurde, nicht auf das Verhalten des Extraktes in Lösungen verschiedener Konzentrationen schließen. Oft wird ein Extrakt, der bei der Analysenkonzentration weniger Unlösliches gezeigt hat, bei hohen Konzentrationen mehr Satz abscheiden, als ein anderer Extrakt, der bei der Analyse mehr Unlösliches aufgewiesen hat. Als Beispiel führen wir 2 Quebrachoextrakte an, von denen:

der Extrakt Nr. I bei der Analyse 0,8 %,
und der Extrakt Nr. II, der bei der Analyse 1,1 %
Unlösliches enthielt;

und trotzdem hat bei einer 15 mal höheren Konzentration der Extrakt Nr. I 39 %, der Extrakt Nr. II bloß 29 % Satz ausgeschieden.

Es haben also die bei der Analyse gefundenen Zahlen für das Unlösliche den Fehler, **daß sie den geprüften Extrakt in Bezug auf seine Löslichkeit bei verschiedener Verdünnung nicht richtig charakterisieren**[*]). Diesen Umstand erkannte vor langen Jahren schon Prof. Dr. Paeßler, welcher schon im Jahre 1908 die Ergänzung der Analyse durch Bestimmung des Unlöslichen bei verschiedenen Konzentrationen empfahl. Wir halten eine solche Ergänzung der jetzigen Ana-

---

[*]) Kubelka, Jubiläumsschrift der techn. Hochschule in Brünn, 1926. Kubelka-Bělavský, Co., 1925, Seite 121.

lysenvorschrift für unbedingt notwendig, denn erst durch die Aufstellung der sogenannten Bodensatzkurve bei verschiedenen Konzentrationen (vgl. Abb. 13). bekommen wir das richtige Bild über das Verhalten des Extraktes bei dem Auflösen. Solche Versuchsreihe sollte bei allen Gerbstoffanalysen ausgeführt werden und wir wollen hier dieselbe kurz anführen.

Nachdem die Bestimmung des Unlöslichen in der analytischen Lösung im Gange der Analyse vor sich geht, werden in einer Reihe von kalibrierten Zylindern (wir verwenden gewöhnlich 8 Zylinder), Gerbstofflösungen vorbereitet von folgenden Konzentrationen: analytische Lösung, 2^0 Bé, 5^0 Bé, 8^0 Bé, 10^0

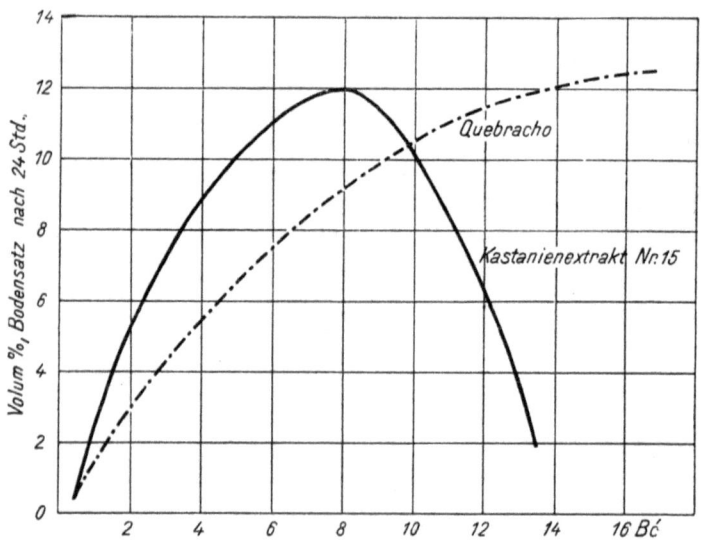

Abbildung 13. Die Bodensatzkurve der Extrakte.

Bé, 12^0 Bé, 16—18^0 Bé, 20—24^0 Bé. Von jeder Konzentration wird ½ l Lösung zubereitet, wobei die Arbeitsweise, welche für die Herstellung der analytischen Lösung vorgeschrieben ist, genau eingehalten wird.

Wir haben durch zahlreiche Versuche gefunden, daß die meisten Extrakte eine Steigerung der Menge des Bodensatzes mit der Konzentration aufweisen, bis zu einem Maximum, welches gewöhnlich zwischen 6—10^0 Bé erreicht wird. Bei weiterer Erhöhung der Konzentration sinkt die Menge des Bodensatzes, so daß bei einer Dichte von über 20⁰ Bé die meisten Extrakte bodensatzfrei sind. Bei einigen Extrakten steigt jedoch der Bodensatz mit der Konzentration ohne Begrenzung (Quebracho).

Mit diesen Lösungen werden 8 graduierte Zylinder von 250 cm^3 Inhalt gefüllt, mit Glasplatten zugedeckt und bei 18⁰ C 24 (event. dann noch 48) Stunden ruhen gelassen. Dann wird das Volumen des abgesetzten Schlammes direkt abgelesen und auf einen Streifen Millimeterpapier aufgetragen. Die Abb. 13 zeigt uns zwei solche aus der Praxis unserer Versuchsstation genommenen Kurven. Ein solches Diagramm, beigefügt zu den üblichen Analysenresultaten belehrt den Interessenten viel genauer über die Löslichkeitsverhältnisse des Extraktes, als es bei der bisherigen Bestimmungsweise geschah.

Wir können diese Kurve, (deren Punkte in Volumperzenten des Satzes ausgedrückt sind), auch quantitativ verwerten, indem wir die Volumperzente mit grober Annäherung in Gewichtsperzente umrechnen.

Nehmen wir z. B. an, daß wir bei der Analyse ein Gewichtsperzent Unlösliches bekamen, wobei die Menge des angesammelten Satzes bei der Analysenkonzentration 0,5 cm^3 betrug; dann können wir die Volumina der abgeschiedenen Sätze ungefähr auf die Gewichtsteile umrechnen, indem wir voraussetzen, daß je 0,5 cm^3 gleich einem Gewichts % sind. Diese Umrechnung ist nicht ganz richtig, aber für Vergleichszwecke dieser Bestimmung genügt sie vollkommen. Wir fügen dann als Ergänzung der Anlayse zum Beispiel hinzu:

Der Extrakt setzt bei folgenden Verdünnungen ab:

					Unlösliches
15 g	L Analysenlösung	1/2 Vol. %	Satz	= 1%
75 g	L	2 Vol. %	Satz	= 4%
150 g	L	3 Vol. %	Satz	= 6%
225 g	L	4 Vol. %	Satz	= 8%
300 g	L	3 Vol. %	Satz	= 6%
450 g	L	0 Vol. %	Satz	= 0%

V. Kapitel.

Begriff „Gerbstoffe".
Ueber das Prinzip der quantitativen Gerbstoffbestimmung.
Direkte und indirekte Methoden.
Gelatinereaktion auf Gerbstoffe.
Entgerbung der analytischen Lösung: Die Schüttel- und die Filtermethode.
Berechnung des Gehaltes an Nichtgerbstoffen bei verschiedenen Methoden.
Berechnung des Gerbstoffgehaltes.

Ueber das Prinzip der quantitativen Gerbstoffbestimmung.[4])

Unter dem Begriff „Gerbstoffe" fassen wir eine Gruppe von Stoffen zusammen, die den wirksamen Bestandteil der Gerbmittel bilden. In den verschiedensten Erzeugungszweigen werden zu gewissen Arbeiten schon seit Urzeiten die besonderen Eigenschaften von Extrakten bestimmter Pflanzenteile benützt, die man deren Gehalt an Gerbstoffen zuschrieb. So werden die Gerbstoffe in der Medizin, Färberei, Lackerzeugung, Tintenerzeugung und in der Gerberei schon seit vielen Jahrhunderten verwendet.

Die Verwendung der natürlichen Gerbmittel in allen diesen Industriezweigen brachte es mit sich, daß man schon seit Jahrhunderten nach einer Methode zur Bewertung der Gerbmittel gesucht hatte. Der Wert eines Gerbmittels ist selbstverständlich in erster Reihe von seinem Gehalt an Gerbstoff abhängig. Daher setzen seit dem Jahre 1800 Bemühungen ein, um eine Methode zu finden, mit welcher man quantitativ den Gerbstoffgehalt einer gegebenen Lösung bestimmen könnte; eine solche Methode würde dann auch die

---

[4]) siehe Kubelka, Schriften des tschechosl. Forschungsverbandes bei der Masarykakademie der Arbeit, Prag, 1924.

Gerbstoffbestimmung in den Auszügen der natürlichen Gerbstoffe ermöglichen. Die Ausarbeitung einer solchen Methode für die Gerbstoffanalyse stößt jedoch auf große Schwierigkeiten, hauptsächlich deshalb, weil in der Bezeichnung „Gerbstoff" eine ganze Reihe von Stoffen inbegriffen ist, die zwar durch einige gemeinsame Eigenschaften einander ähnlich sind, sich aber in ihrer chemischen Zusammensetzung von einander bedeutend unterscheiden.

Das Wort „Gerbstoff" ist eine Gruppenbezeichnung in der Pflanzenphysiologie, ähnlich wie „Alkaloide" oder „Glykoside". Ueber die chemische Zusammensetzung der Gerbstoffe wissen wir bisher sehr wenig. Aufgrund der neuesten Arbeiten vermuten wir, daß die meisten Gerbstoffe aus zwei Gruppen zusammengesetzt sind, nämlich. aus einer tannoiden und einer Zuckergruppe. Der tannoide Teil ist gewöhnlich das Produkt gegenseitiger Kondensation oder Esterifikation zweier oder mehrerer Moleküle aromatischer Polyoxy-Säuren. Ueber die Art, wie die einzelnen Oxysäuren in dem tannoiden Teile aneinander gebunden sind, weiters über die Art, wie der tannoide Teil mit dem Zucker zu einem Gerbstoffmolekül verbunden ist, wissen wir bei der großen Mehrheit der Gerbstoffe überhaupt nichts.

Die charakteristischen Merkmale für die Einreihung eines Stoffes in die Gruppe der Gerbstoffe sind vor allem: der zusammenziehende Geschmack und die Fähigkeit, die tierische Haut in Leder umzuwandeln, ferner die Fähigkeit, in Lösungen von Eiweißstoffen, Alkaloiden und einer ganzen Anzahl von Metallsalzen, unlösliche Niederschläge abzuscheiden. Gerbstoffe oxydieren sich ferner in wässrigen Lösungen sehr leicht und geben beim Spalten ihrer Moleküle aromatische Oxysäuren, Phenole und Zucker. Ihre wässerigen Lösungen sind zufolge der oben angeführten Reaktionen sehr unbeständig, hauptsächlich bei Gegenwart von Sauerstoff und Säuren; diese große Unbeständigkeit der Lösungen ist eine für den Analytiker sehr unangenehme Eigenschaft.

Die chemische Erklärung der genannten qualitativen Reaktionen der Gerbstoffe konnte bisher nicht gegeben werden: wir wissen bloß, daß die Gerbstoffe eine Reihe dieser Reaktionen mit anderen, ihnen ähnlichen Stoffen, hauptsächlich ihren Spaltungsprodukten (oxyaromatische Säuren und höherwertige Phenole) teilen. Trotz dieser Unkenntnis wurden fast alle qualitativen Reaktionen der Gerbstoffe in den verschiedensten Abänderungen als Grundlage für die Ausarbeitung quantitativer Bestimmungsmethoden der Gerbstoffe benützt. Ohne Kenntnis der chemischen Grundlage und des Verlaufes der Reaktion kann die quantitative Methode allerdings nur aufgrund rein empirischer, durch Uebereinkomen festgelegten Arbeitsweise aufgebaut werden. Solcher Art sind, wie wir später erkennen werden, alle Methoden, die auf einem bestimmten chemischen Vorgang beruhen.

Einige Methoden, die sich auf physikalische Vorgänge stützen, deren Grundlage wenigstens teilweise aufgeklärt ist, beruhen auf wissenschaftlich einfacheren Voraussetzungen (hauptsächlich indirekte Verfahren, siehe später).

Die Hauptschwierigkeit bei der Ausarbeitung eines Verfahrens für die Bestimmung der Gerbstoffe war und ist die, daß es einheitlich zur quantitativen Bestimmung a l l e r Gerbstoffe dienen soll. Die besondere Schwierigkeit einer solchen Lösung wird besser verständlich, wenn wir sie mit anderen ähnlichen Fällen vergleichen, und z. B ein einziges Verfahren für die quantitative Bestimmung aller Glykoside oder aller Alkaloide usw. ausarbeiten wollten. Es ist selbstverständlich, daß man eine solche Methode für die direkte Bestimmung aller Gerbstoffe unmöglich finden kann. Daher sind auch die sogenannten direkten Verfahren im besten Falle bloß für eine ganz bestimmte Gerbstoffart geeignet, niemals aber für alle Gerbstoffe.

Lösbarer ist diese Aufgabe nur mit Hilfe einiger indirekter Verfahren, durch welche der Gerbstoff nicht als chemische Einheit bestimmt wird, sondern bloß festgestellt wird, wieviel Stoffe der gegebene Rohstoff enthält, die für die eine oder die andere Art der Erzeugung wichtig sind, z. B. Stoffe, die von der Haut gebunden werden, die mit Eisensalzen einen Niederschlag bilden usw.

Für die einzelnen praktischen Bedarfsfälle können mit Vorteil verschiedene quantitative Methoden angewendet werden: praktisch am vorteilhaftesten ist immer jene Methode, welche sich der Hauptsache nach am meisten den Vorgängen nähert, welche die Gerbstoffe bei dieser oder jener Verwendung durchmachen müssen; so z. B. kann die Bewertung des Tannins für die Erzeugung von Tinte mit genügender Verläßlichkeit durch Titration mit Eisensalzen vorgenommen werden. Für die Erzeugung von Antimonlacken wird das Tannin verläßlich durch eine Methode bewertet, die angibt, wie viel Antimonsalz unter gleichen Verhältnissen das Tannin niederschlägt. Der Wert der Gerbstoffe als Beize läßt sich danach beurteilen, wie viel basischen Farbstoff sie niederschlagen und fixieren.

Solche Methoden geben allerdings bloß relative Ergebnisse, und zwar bloß für eine bestimmte Gerbstoffart. In allen diesen oben genannten Industrien war auch seit urdenklichen Zeiten bis zum heutigen Tage die Auswahl der Gerbstoffe verhältnismäßig bescheiden, denn es wurde zumeist bloß Galläpfel-Tannin verwendet, und hie und da vielleicht noch Sumach.

Ganz andere Forderungen stellt an die Analysenmethode die Lederindustrie. Hier handelt es sich darum, zu bestimmen, wie viel ein bestimmter Rohstoff an solchen Stoffen enthält, welche von der Haut festgehalten werden; aber zum Unterschiede von den früher genannten Industrien verwendet die Gerberei eine sehr große Anzahl verschiedenster Gerbmittel, man kann wohl sagen, daß sie fast alle technisch erfaßbaren Gerbstoffe verwendet. Die Beurteilungsweise muß daher in diesem Falle für alle Gerbmittel geeignet sein. Daher nähern sich die Anforderungen, welche die Lederindustrie an ihre Analysenmethode stellt, denjenigen Anforderungen, welche die analytische Chemie an eine solche Methode stellen würde. Aus diesem Grunde hatten sich auch rein wissenschaftliche Forschungsgebiete, wie Chemie, Pflanzenphysiologie usw., denen bisher objektive, wissenschaftlich begründete Methoden für die quantitative Bestimmung der Gerbstoffe fehlten, oft jenen Methoden zugewendet, die von Gerbereichemikern ausgearbeitet wurden, und es sind diese Methoden in einem gewissen Sinne des Wortes für alle Zweige der Wissenschaft, die es angeht, „offiziell."

In den folgenden Absätzen wollen wir eine kurze Uebersicht der Grundsätze geben, die bisher für die Ausarbeitung der quantitativen Analysenmethode für Gerbstoffe angewendet wurden, wollen kurz ihre Unzulänglichkeiten und Vorteile hervorheben um damit zu begründen, weshalb nach dem heutigen Stande unserer Wissenschaft für die „offizielle" Methode jene Grundlage gewählt werden mußte, auf der sie aufgebaut ist. Wir werden des weiteren auch auf verschiedene Mängel der heute anerkannten Arbeitsvorschriften aufmerksam machen.

Für die quantitative Bestimmung der Gerbstoffe wurden im letzten Jahrhundert über 100 verschiedene Methoden vorgeschlagen. Für eine kritische Uebersicht kann man sie in zwei Hauptgruppen teilen.

1. Direkte Methoden, welche bemüht sind, die gerbenden Stoffe aus ihrer Lösung in Form von unlöslichen Verbindungen mit verschiedenen Fällungsmitteln auszuscheiden.

2. Die indirekten Methoden, im Verlaufe welcher man aus einem gemessenen Volumen der Lösung sämtliche Gerbstoffe entfernt und die Menge derselben aus dem Unterschiede gewisser festgestellter Werte vor und nach der Entgerbung der Lösung bestimmt.

I. Direkte Methoden.

Die Lösung des Gerbmittels wird mit einem Reagens in Verbindung gebracht, das entweder die Fällung oder eine andere quantitativ feststellbare chemische Veränderung des gelösten Gerbstoffes verursacht. Nach dem Verlaufe der Reaktion wird dann entweder das Gewicht des entstandenen Niederschlages oder die verbrauchte Menge des verwendeten Fällungsmittels festgestellt und mit einer durch Erfahrung gefundenen Zahl auf Gerbstoff umgerechnet.

Für alle diese Methoden gilt folgendes:

Da die verschiedenen Gerbstoffe verschiedene chemische Zusammensetzungen haben, verlaufen auch die chemischen Reaktionen mit den zugesetzten Chemikalien im quantitativen Sinne verschieden, und man könnte eine derartige Methode im besten Falle bloß für ein ganz bestimmtes Gerbmittel ausarbeiten. Dies wäre schließlich kein so großes Hindernis. Man müßte bloß für jede Gerbstoffart die oben angeführte, durch Erfahrung gefundene Zahl zur Berechnung der Ergebnisse auf „Gerbstoffe" einsetzen. Dies ist aber unmöglich.

Der einzige reine Gerbstoff, über den wir verfügen, so daß man ihn für analytische Versuche unmittelbar abwiegen kann, ist das Galläpfel-Tannin. Daher ist die große Mehrheit der direkten Methoden für Tannin ausgearbeitet worden, und ihre Umrechnungszahlen sind so beschaffen, daß sie den Gerbstoffgehalt aller Gerbmittel in Prozenten Galläpfel-Tannin ausdrücken. Dies ist allerdings, mit Rücksicht auf die Möglichkeit ungewöhnlich großer Unterschiede zwischen dem Molekulargewicht des Tannins und jenem anderer Gerbstoffe, ein recht fragliches Ergebnis.

Oder man ist gezwungen, die Umrechnungszahlen für andere Gerbstoffe durch eine Umrechnung aufgrund irgendwelcher Ergebnisse einer anderen Analyse (bezw. einer anderen Methode) festzustellen, was zwar in der Praxis zur Erlangung eines Ueberblickes manchmal wertvoll sein kann, als Grundlage für eine Methode aber ein unzulässiger Vorgang wäre.

Dies ist vom theoretischen Standpunkt wohl die am meisten hervortretende Unzulänglichkeit, die allen direkten Methoden anhaftet.

Die große Anzahl der unmittelbaren Methoden für die quantitative Bestimmung der Gerbstoffe kann man in einige Gruppen einteilen:

1. das Niederschlagen der Gerbstoffe mit Eiweißstoffen aus ihrer Lösung.

2. Die Adsorption der Gerbstoffe durch eine abgewogene Menge eines Adsorptionsmittels.

3. Das Fällen der Gerbstoffe durch Alkaloide.

4. Das Fällen der Gerbstoffe mit verschiedenen Metallsalzen.

5. Das Fällen der Gerbstoffe mit Farbstoffen und anderen organischen Verbindungen.

6. Die Oxydation der Gerbstoffe mit Sauerstoff.

7. Das Messen der Dichte der Lösung.

8. Kolorimetrische Methoden.

1. Das Fällen der Gerbstoffe mit Eiweiß und Leimstoffen.

Das Niederschlagen der Eiweißstoffe, selbst in verdünnten Lösungen ist eine spezifische Reaktion der Gerbstoffe. Der Begriff des Fällens der Eiweißstoffe, das Verursachen des Unlöslichwerdens der Eiweißstoffe ist mit dem Begriffe Gerbstoff, Ausgerbung usw. untrennbar verbunden. Deshalb wurde diese Reaktion zuerst für die quantitative Bestimmung der Gerbstoffe gewählt: Im Jahre 1800 hat Biggin und bald nach ihm unabhängig Davy (1804) vorgeschlagen, eine Leimlösung, bezw. eine Albuminlösung zu verwenden, mit welcher der Gerbstoff gefällt, und der entstandene Niederschlag nach dem Filtrieren und Trocknen gewogen wird. Davy hat schon damals — zum Unterschiede von einer ganzen Reihe späterer Verfechter ähnlicher Methoden — hervorgehoben, daß die quantitative Zusammensetzung der getrockneten Niederschläge bei verschiedenen Gerbmitteln verschieden sein wird und daß es nötig sein wird, für jede Gerbstoffart eine Umrechnungszahl festzustellen.

Später wurden auf dieser Grundlage noch viele Methoden ausgearbeitet, die sich nur durch die Einzelheiten der Durchführung unterscheiden. Es wird z. B. das Volumen des entstandenen Satzes gemessen, anstatt ihn zu wiegen, oder es wird die Stärke der Trübung, die bei verdünnten Lösungen entsteht, verglichen, oder es wird schließlich die Menge der Leimlösung, die zum Ausfällen des gesamten Gerbstoffes nötig ist, dadurch gemessen, daß man dem Ueberschuß zurück titriert. Spätere Verbesserungen bestehen im Zusatze von Aluminiumsalzen, wodurch die Fällung vollkommener ist usw.

Alle diese Methoden wurden aufgegeben. Abgesehen von den zahlreichen Schwierigkeiten der Handhabung (der Niederschlag filtriert schwer usw.) ist der grundlegende Hauptfehler dieses Grundsatzes der, daß, wie es scheint, der Niederschlag der Eiweißsubstanz mit ein und demselben Gerbstoffe keine konstante Zusammensetzung hat; das Verhältnis der Eiweißstoffe zum Gerbstoff schwankt je nach der Konzentration beider Lösungen, der Temperatur, der Geschwindigkeit des Zusammengießens usw. Dieser

Grundfehler macht alle weiteren, auch neueren, Verbesserungen dieser Methode wertlos.

2. **Adsorption des Gerbstoffes durch ein gewogenes Adsorptionsmittel.**

Die Methoden dieser Gruppe haben niemals eine größere Bedeutung erlangt; ich reihe sie an dieser Stelle ein, da die Mehrzahl der verwendeten Adsorptionsmittel unlösliche Eiweißstoffe waren, wodurch sie sich den vorhergehenden Methoden nähern. Das Wesen dieser Methode besteht darin, daß die Gerbstofflösung mit einer unlöslichen Substanz in Verbindung gebracht wird, welche die Fähigkeit besitzt, Gerbstoff aus der Lösung zu adsorbieren, (rohe Haut, Blöße, koaguliertes Eiweiß usw.), worauf aus der Gewichtszunahme des Adsorbens das Gewicht des Gerbstoffes berechnet wird.

Die ersten, noch nicht ganz bewußten Ansätze zu diesem Gedanken kann man bei Davys Laboratoriumsversuchen mit Blöße beobachten. Fleury (1892) verwendet als Adsorptionsmittel koaguliertes Eiweiß, Bel-Stefans (1826) Blöße, durch die er die Lösung durchpreßt, und Herrenschmied (1906) Blöße, mit der er die Lösung schüttelt. Hierher gehört auch einer der Vorschläge Wislicenus, der in gleicher Weise statt Haut poröses Aluminiumoxyd (gewachsene Tonerde) mit großer Oberfläche benützt.

Alle diese Vorschläge blieben in Form einer **direkten Methode ohne Bedeutung.** Dagegen erlangten sie als Hilfsmittel in den indirekten Methoden, die wir später beschreiben werden, große Bedeutung.

3. **Fällen von Gerbstoffen mit Alkaloiden.**

Zahlreiche Alkaloidlösungen fällen Gerbstoffe quantitativ zu Niederschlägen, welche sich sehr rasch und vollkommen absetzen (z. B. Chinin, Cinchonin, Strychnin). Diese Niederschläge scheinen eine viel konstantere Zusammensetzung zu haben, als die Niederschläge der Gerbstoffe mit Eiweißstoffen. Der Niederschlag des Tannins mit Strychnin ist z. B. ein kristallinischer Körper von konstanter Zusammensetzung. ($C_{21} H_{22} N_2 O_2 \cdot C_{14} H_{10} O_9$). Alkaloide schlagen aus wässerigen Auszügen der pflanzlichen Gerbmittel außer dem Gerbstoff verhältnismäßig wenig andere Stoffe nieder. Die Niederschläge lassen sich gut auswaschen. Im ganzen kann gesagt werden, daß die Verwendung der Alkaloide bei den unmittelbaren Methoden für die Gerbstoffbestimmung viel größere Vorteile bietet, als die Verwendung irgend welcher anderer Fällungsmittel, von denen bereits die Rede war, oder sein wird. Die allgemeinen Nachteile, die oben hervorgehoben wurden, gelten wie für jede unmittelbare Methode, auch hier. Die Alkaloidmethoden (entweder Fällen und Wägen oder Titrieren) arbeiteten hauptsächlich Larocqe (1843) mit Chininsulfat, Wagner (1866) mit Cinchoninsulfat, Trotmann-Hackford mit Strychnin aus.

4. **Fällung der Gerbstoffe mit Metallsalzen.**

Fällungen, welche durch Zusatz verschiedener Metallsalzlösungen zur Gerbstofflösung hervorgerufen werden, gehören zu den ältesten bekannten Gerbstoffreaktionen. So wird beispielsweise schon von Plinius über eine Eisensalzreaktion berichtet. Die hiebei entstehenden Niederschläge waren oft Gegenstand eingehender Studien, hauptsächlich bei der präparativen Herstellung reiner Gerbstoffe. Sehr lange ist es schon bekannt, daß diese Fällungen keine gleichbleibende Zusammensetzung haben, daß sie oft mit Niederschlägen fremder Stoffe (basischen Salzen, Pektinstoffen, Farbstoffen usw.) stark verunreinigt sind; ebenso weiß man, daß sich der Großteil derartiger Niederschläge ohne Zersetzung nicht auswaschen läßt, daß deren Menge und Zusammensetzung von der angewandten Salzkonzentration, von der Temperatur usw. abhängig ist.

Trotz allen diesen für quantitative Zwecke ungeeigneten Eigenschaften, wurden auf dieser Grundlage früher ebenso wie in neuester Zeit eine derartige Menge von Methoden ausgearbeitet, daß wir hier eine, wenn auch nur oberflächliche Besprechung derselben unmöglich bringen können.

Nach den ältesten Methoden wurde der ausgewaschene und getrocknete Niederschlag unmittelbar gewogen. Nach einigen Methoden werden die Niederschläge verascht und das Gewicht des Metalloxyds bestimmt, nach anderen wird mit der Metallsalzlösung titriert. Ueberaus oft werden für diese Zwecke Bleisalze, Salze von Eisen, Kupfer und Zink, seltener Salze von Antimon, Zinn, Calcium, Quecksilber usw. verwendet.

Obwohl es, was selbstverständlich ist, gelingen kann, die Methode derart auszuarbeiten, daß sie für einen bestimmten Zweck und für eine bestimmte Art von Gerbstoffen untereinander vergleichbare Ergebnisse gewährleistet, bleibt dieses Prinzip dennoch für eine allgemein gültige analytische Methode wertlos.

Mit dem Prinzip dieser Methoden hängt auch jener der kolometrischen Methoden, die im Abschnitt 8 behandelt werden sollen, eng zusammen.

5. **Fällung der Gerbstoffe durch verschiedene organische Stoffe (Farbstoffe usw.).**

Zur Bewertung von Tannin sowie auch von Beizmitteln werden im Textilhandel hie und da verschiedene Methoden in Anwendung gebracht, die auf der Fällbarkeit des Tannins durch basische Farbstoffe beruhen. Diese Modifikationen wurden als Titrationsmethoden, beispielsweise die von Becker (1885) mit einer Lösung von Methylviolett u. a. ausgearbeitet. Andere Methoden verwenden wieder gleichzeitig Farbstofflösungen und gewisse Metallsalze (hauptsächlich Antimon). Für allgemeine analytische Methoden haben diese Bewertungsvorschriften keinerlei Bedeutung.

In der Folge sollen noch einige Stoffe Erwähnung finden, die für die Fällung der Gerbstoffe zwecks unmittelbarer Bestimmung vorgeschlagen wurden, sich jedoch nicht bewährt haben, nämlich: Antipyrin (Crouzel 1902), Formaldehyd und Salzsäure (Aweng-Franke 1896, Glücksmann 1904).

6. **Oxydation der Gerbstoffe durch Sauerstoff.**

Alkalische Gerbstofflösungen absorbieren stark den Luftsauerstoff. Es wurden schon einige Methoden ausgearbeitet, welche Tannin (d. h. Gerbstoff überhaupt) aus der Menge des absorbierten Sauerstoffes in einem bestimmten Volumen der Lösung zu ermitteln gestatten. Auf dieser Grundlage beruhen die Methoden von: Mittenzwey (1864), Terreil (1874),

Vaubel und Scheuer (1907) und in einer etwas modemeren Ausarbeitung die von Thompson (1902).

Der Fehler dieser Methoden beruht darin, daß außer den Gerbstoffen eine ganze Reihe von organischen Substanzen im alkalischen Medium gleichfalls durch den Sauerstoff oxydiert werden. Außerdem ist die Durchführung ziemlich schwierig.

7 Messen des spezifischen Gewichtes der Gerbstofflösungen.

Dies ist eigentlich keine Methode. Einige Verfasser stellten empirische Faktoren für die wässerigen Auszüge einzelner roher Gerbmittel auf, aus denen anhand der gefundenen Dichte (Pyknometer) die Gerbstoffprozente ermittelt werden können. Diese Methode ist nur ein überaus grobes Hilfsmittel der gerbereitechnischen Praxis. Wir erwähnen sie nur deshalb, weil ihr als indirekter Methode (siehe unten) einmal gewisse Bedeutung zukam.

8. Kolorimetrische Methoden.

Die Färbung, welche eine bekannte Eisensalzlösung mit der Gerbstofflösung hervorruft, wird mit dem Farbton einer Lösung vom bekannten Gerbstoffgehalt verglichen. Dieses Methodenprinzip ist jedoch in analytischer Hinsicht wertlos (Wildenstein 1863, Hinsdale 1890).

II. Indirekte Methoden.

Nach diesen wird die Gerbstoffmenge einer analytischen Lösung derart bestimmt, daß man den Unterschied einer bestimmten Konstante der ursprünglichen und der vom Gerbstoff befreiten Lösung feststellt. Der Grundgedanke aller dieser Methoden ist folgender: Gelingt es durch Fällung oder auf irgend eine andere Art alle Gerbstoffe in den unlöslichen Zustand überzuführen, so ist es dann nicht notwendig, den entstandenen Niederschlag zwecks Wägung usw. zu reinigen, was ja in der Mehrzahl der Fälle bei den direkten Methoden einen Stein des Anstoßes bedeutet.

An indirekten Methoden wurde eine große Anzahl ausgearbeitet. Deshalb soll hier von denselben nur eine statistische Uebersicht gegeben werden, nämlich:

a) vom Standpunkt jenes Faktors aus, der in der ursprünglichen und in der vom Gerbstoff befreiten Lösung bestimmt wird,

b) hinsichtlich der Art, nach welcher die Entgerbung durchgeführt wird.

Zu den ältesten indirekten Methoden gehört die Bestimmung des spezifischen Gewichtes vor und nach der Entgerbung. Aus dessen Abnahme berechnet man dann den Gehalt an Gerbstoffen. Auf dieser Grundlage war die älteste derartige von den Zeitgenossen hochgeschätzte Methode aufgebaut. (Methode von H a m m e r 1860, wie auch von V i l l o n 1889, M o r p u r g o 1892). Es ist selbstverständlich, daß nach dieser Methode bei der Berechnung des Gerbstoffgehaltes empirische Umrechnungsfaktoren bestimmt werden müssen, die für jeden Gerbstoff spezifisch sind und die Anzahl von Prozenten an Gerbstoffen ausdrücken, welchen eine Abweichung des spezifischen Gewichtes um eine Einheit entspricht. Direkt läßt sich diese Größe nur bei Tannin bestimmen. Für die übrigen Gerbstoffe ist es notwendig, sie aufgrund von beispielsweise nach anderen Methoden durchgeführten Analysen zu errechnen.

Es ist dies der größte Nachteil, welcher den direkten Methoden vorgeworfen wird. Unter diesen Fehlern leiden alle übrigen Modifikationen der indirekten Methoden, bei denen eine Differenz physikalischer oder chemischer Konstanten bestimmt wird, wie bei der:

B e s t i m m u n g d e s O x y d a t i o n s g r a d e s d e r L ö s u n g vor und nach der Entgerbung durch Titration mit Kaliumpermanganat oder anderen oxydierenden Substanzen (Methode von L ö w e n t h a l).

J o d z a h l b e s t i m m u n g d e r L ö s u n g vor und nach der Entgerbung (Methode von J e a n u. a.).

B e s t i m m u n g d e r R e f r a k t i o n (Methode von Z w i c k).

E r m i t t l u n g d e s s p e z i f i s c h e n D r e h u n g s v e r m ö g e n s d u r c h P o l a r i s a t i o n (Methode von H o p p e n s t e d t).

F e s t s t e l l u n g d e s V e r b r a u c h e s a n Ca/OH/$_2$ (P a r k e r und P a y n e) usw.

Bei allen diesen Modifikationen ist es notwendig, den empirischen Umrechnungsfaktor zu ermitteln, und das gerade ist ebenso wie bei den direkten Methoden ihr Hauptübelstand. Bei einer einzigen Methode, welche die durch die Entgerbung hervorgerufene Konzentrationsabnahme der Lösung durch **direkte Wägung des Rückstandes** bestimmt, ist dieser Fehler beseitigt. Auf diese Art wird der Unterschied im Gehalt an löslichen Stoffen der ursprünglichen und der entgerbten Lösung **direkt in Grammen** erhalten und so die Gerbstoffmenge ohne irgend welche Umrechnungsfaktoren gefunden. Bei dieser Methode werden also Ergebnisse in einem bestimmten absoluten Maß auf durchaus verläßliche Weise erzielt, und mag es sich um welche Gerbstoffe auch immer handeln. Dieses Prinzip wurde daher die Grundlage für allgemein gültige analytische Methoden, obwohl derselbe bei der Durchführung bedeutend mehr Arbeit erfordert, als die übrigen früher beschriebenen Vorschriften. Im Verlauf der Durchführung werden auch bei einem so einfachen analytischen Verfahren, wie es die Bestimmung des Trockenrückstandes ist, eine ganze Reihe von Fehlerquellen gefunden. Gerbstofflösungen enthalten nämlich verschiedene Mengen flüchtiger Stoffe (Säuren u. a.), die je nach ihrer Flüchtigkeit verschieden stark verdampfen. Desgleichen trocknen nach der Verdampfung kolloidale Rückstände verschieden schnell, was durch Trocknen von immer annähernd gleich dicken Schichten ausgeglichen werden muß. Die große Hygroskopizität der ausgetrockneten Rückstände, ebenso wie ihr Abspringen bei Temperaturänderungen verursachen manchmal Schwierigkeiten beim Wägen usw. Das alles sind aber Fehler, die überhaupt fast allen analytischen Methoden anhaften.

Die Entgerbung nach indirekten Methoden läßt sich analog verschiedenen Reaktionen, durch welche die Gerbstoffe ausgefällt werden und die unter der Ueberschrift „Direkte Methoden" bereits besprochen wurden, durchführen. Wird die Entgerbung der Lösung durch eine chemische Reaktion bewerkstelligt, so ist dies Quelle vieler Fehler, von denen die meisten schon bei der Beschreibung der betreffenden direkten Methoden Erwähnung fanden. Außerdem ergibt sich die Notwendigkeit, hauptsächlich folgendes hervorzuheben:

Bei der Ausfällung der Lösungen geht für jede Gewichtseinheit an gefällten Gerbstoffen eine bestimmte Menge neuer Stoffe in Lösung (lösliche Anteile der Reagenzien), was eine Aenderung in der chemischen Zusammensetzung der Lösung zur Folge hat. Die erhaltene Lösung unterscheidet sich daher von der ursprünglichen nicht nur durch den Mangel an Gerbstoffen, sondern auch durch einen Zuwachs an fremden löslichen Bestandteilen.

Eine andere Fehlerquelle liegt darin, daß in der Lösung von überwiegend kolloiden Stoffen kolloide Niederschläge entstehen, die naturgemäß in ihrem Entstehungszustand zur Adsorption anderer gelöster Stoffe der sie umgebenden Lösung überaus geeignet sind und daher auch Nichtgerbstoffe in die Gerbstoffniederschläge mitreißen. Der so verursachte Fehler ist großen Schwankungen unterworfen und hängt hauptsächlich von der Konzentration beider Lösungen, von der Temperatur, der Schnelligkeit der Niederschlagsbildung usw. ab.

An diesen Fehlern kranken alle Methoden, die durch Fällungsmittel eine Entgerbung der Gerbstofflösung herbeiführen, gleichgültig ob sie nun Gelatinelösungen oder Metallsalze dazu verwenden. Von letzteren pflegen hier in Anwendung gebracht zu werden:

Bleisalze nach der Methode von Schmidt (1875), Villon (1889) und Morpurgo (1892),

Eisensalze nach der Methode von Ganter u. a. (1888),

Kupfersalze nach Simpkin u. a. (1875),

Zinksalze nach Lepetit (1910) u. a.

Von den übrigen Fällungsmitteln soll Gelatinelösung erwähnt werden, mit welcher die Entgerbung nach einigen alten Methoden durchgeführt wurde (Löwenthal u. a.). Metzges (1908) empfahl die Entgerbung mit Aluminiumelektroden durch den elektrischen Strom herbeizuführen, was einen der Hauptfehler, nämlich das Hinzufügen von fremden löslichen Stoffen zur Gerbstofflösung beseitigt hätte. Leider ist es aber bisher nicht gelungen, die Entgerbung nach dieser Methode quantitativ zu gestalten.

Eine ideale Entgerbungsart wäre, die Gerbstoffe aus der Lösung völlig mit Hilfe solcher Substanzen entfernen zu können, die selbst vollständig unlöslich sind, die Eigenschaften der Lösung in keinerlei Weise beeinflussen und sich wiederum auf einfache Art aus der Lösung samt den Gerbstoffen beseitigen ließen. Dieser Bedingung kommen mehr oder weniger verschiedene Adsorptionsmethoden nach. Die Gerbstofflösungen haben stark kolloiden Charakter. Daher kann leicht ein Adsorbens für sie aufgefunden werden und ist auch der Gedanke einer Entgerbung auf dem Wege der Adsorption sehr naheliegend.

Es ist interessant, daß schon bei den ersten Versuchen zur Entgerbung der Lösung Eiweißstoffe oder sogar Hautsubstanz verwendet wurden. Erwähnt wurde bereits, daß die ersten Vorschläge von Davy diesem Prinzip sehr nahe kommen. In der Folge haben dann Müntz und Ramspacher (1874), ferner Simand (1883) und schließlich im Jahre 1887 Weiss mit Eitner gemahlene Haut, sogenanntes „Hautpulver" zur Entgerbung der Lösung für analytische Zwecke vorgeschlagen. So wurde dieser Gedanke für die Ausarbeitung der heute allgemein gebräuchlichen sogenannten gravimetrischen Gerbstoffbestimmungsmethoden grundlegend.

Dennoch soll erwähnt werden, daß die eigentliche Grundlage der Gerbstoffadsorption durch Hautpulver bis auf den heutigen Tag kein genügend erklärter Vorgang ist. Obzwar die Lederindustriechemiker diesen Vorgang ausdrücklich als „Adsorption" oder „Absorption" bezeichnen, erblicken darin trotzdem viele von ihnen eine der Fällung von Eiweißlösungen durch Gerbstoffe ähnliche Reaktion. Dieser Ansicht begegnet man auch oft in den neuesten Lehrbüchern, wo die Adsorptionsmethode mit Hautpulver in den breiteren Rahmen von „Methoden, die auf der Reaktion (Fällung) zwischen Eiweiß- und Gerbstoffen beruhen" eingereiht wird.

Es soll durchaus nicht behauptet werden, daß bei Adsorptionen durch Hautpulver die chemischen Eigenschaften der Adsorptionsmittel keine Rolle spielen und daß vielleicht diese Wirkungen durch rein physikalische Kräfte (Oberflächenerscheinungen) hervorgerufen werden. Aber schon der Umstand, daß sich der genau gleiche Verlauf der Entgerbung auch mit anderen Adsorptionsmitteln erzielen läßt, die sicherlich nicht wie Eiweißstoffe zu reagieren vermögen, läßt schließen, daß die Oberflächenadsorption bei der kurzfristigen Einwirkung der Gerbstofflösung auf das Hautpulver die weitaus wichtigste Erscheinung ist. So wurde zur Entgerbung von **Feldmann** aktive Kohle (1903), von **Wislicenus** voluminöse Tonerde (1904) empfohlen, mit den grundsätzlich gleichen Ergebnissen, wie sie mit Hautpulver erzielt werden.

Bei der Ausarbeitung der heutigen analytischen Adsorptionsmethoden wurde überhaupt deren theoretische Grundlage wenig studiert. Dies ist heute begreiflich, zumal die damaligen Arbeiten hauptsächlich der praktischen Richtung Rechnung trugen, nämlich dem Bestreben, sobald als möglich eine Methode aufzufinden, die in erster Linie für kaufmännische Zwecke inbetracht kam und dabei zumindest untereinander vergleichbare Ergebnisse versprach. Die damaligen Forscher faßten ihre Aufgabe auch fast ausnahmslos von diesem Standpunkte aus auf. In der damaligen Literatur finden wir verhältnismäßig wenig Arbeiten, aus welchen geschlossen werden könnte, daß ihre Verfasser irgendwelche theoretische Richtlinien der Lösung dieser Aufgabe zugrunde gelegt hätten.

So entstand auf diesem sozusagen analytisch-empirischen Wege die heutige Gerbstoffbestimmungsmethode, die auf der Ermittlung des Gewichtsunterschiedes zwischen dem Rückstand der ursprünglichen und jenem der durch Adsorption mittels Hautpulver vom Gerbstoff befreiten Lösung beruht. In groben Umrissen wurde die Methode von **Müntz** und **Ramspacher** im Jahre 1874 vorgeschlagen. Sie verdampften ein bestimmtes Volumen der filtrierten Gerbstofflösung zur Trockene und wogen den bei 100^0 C erhaltenen Trockenrückstand. Dann preßten sie die Lösung durch ein Stück rohe tierische Haut, gossen einige der ersten cm^3 des Ablaufes (Korrektur bezüglich Hautfeuchtigkeit und aus der Haut gelaugter Eiweißstoffe) ab, dampften hierauf weitere 25 cm^3 zur Trockene und bestimmten den Rückstand. Der

Unterschied beider Trockenrückstände ergab den Gerbstoffgehalt in Gramm.

Eine weitere Vervollkommnung (S i m a n d, W e i ß, E i t n e r 1887) beruht nur mehr in der Art der Entgerbung. Anstelle des Hindurchpressens durch Haut setzt man zur Lösung in einigen aufeinanderfolgenden Teilmengen gemahlene Blöße (Hautpulver), schüttelt durch und filtriert dann ab. Dies ist eigentlich schon fast der gleiche Vorgang, wie wir ihn heute einzuhalten pflegen.

Die ursprüngliche Vorschrift barg viele Fehler, von denen manche durch spätere Verfeinerungen beseitigt wurden, viele aber auch noch der heutigen weitgehendst ausgefeilten Methode anhaften.

Gleichfalls im Jahre 1887 empfahl P r o c t e r eine andere Vorschrift für die Durchführung der Entgerbung. Er füllte Hautpulver in ein sogenanntes gläsernes Glockenfilter und saugte die Gerbstofflösung hindurch. Später wurde dann die kleine Glocke von P r o c t e r durch ein größeres zylindrisches Gefäß, das etwa 8—10 g Hautpulver aufnahm, ersetzt. Da Hautpulver im Filtergefäß leicht aufquillt und das Füllen daher gewisse Schwierigkeiten verursacht, schlug Č e r y c h (1895) eine Mischung von Zellulose (Filterpapierfasern) und Hautpulver vor, was auch allgemein angenommen wurde. Auf diese Art entwickelten sich fast gleichzeitig zwei Abarten der Entgerbung durch Adsorption.

1. Die S c h ü t t e l - o d e r M i s c h m e t h o d e, bei der das Hautpulver in einer oder mehreren Portionen zugesetzt und durch Schütteln mit der Lösung in Verbindung gebracht wird. Aus dieser Methode ging später die amerikanische Schüttelmethode hervor, welche zur Grundlage der heutigen internationalen offiziellen Methode wurde.

2. Die F i l t e r m e t h o d e, bei der man eine mit Hautpulver gefüllte gläserne Filterglocke verwendet.

Beide Methoden verwendeten zunächst reines Hautpulver, wie man es aus der gemahlenen Hautsubstanz einer gereinigten Blöße erhält. Dieses Adsorptionsmittel erwies sich jedoch für die Analyse nicht so brauchbar, wie es anfänglich schien. Vor allem adsorbiert es aus der Lösung nicht nur Gerbstoffe, sondern auch noch Pektine, Farbstoffe (es ist häufig schwer zu entscheiden, ob ein Stoff zu den Gerb- oder zu den Farbstoffen zählt), hauptsächlich aber Abbauprodukte der Gerbstoffe, Phenole, Phenolcarbonsäuren und tannoide Stoffe. Das hat zur Folge, daß diese Stoffe (zumindest teilweise) bei der Analyse gemeinsam als „Gerbstoffe" bestimmt werden. Einen noch größeren Nachteil bedeutet dieser Umstand in bestimmten Fällen, wo bei der Analyse von Verbindungen, die überhaupt keine Gerbstoffe enthalten, nach dieser Methode tatsächlich ein merklicher Gehalt an „mittels Hautpulver absorbierbaren Stoffen" gefunden wird. Das trifft beispielsweise bei Extrakten aus den Sulfitzellulose-Ablaugen, sowie auch bei einigen künstlich hergestellten Stoffen (Syntane usw.) zu.

Diese Eigenschaft des Hautpulvers ist außerordentlich wichtig, denn sie ändert den Charakter der ganzen auf seiner Verwendung beruhenden Methode. **Infolgedessen ist die Methode keinesfalls für die Bestimmung des Gerbstoffgehaltes einer Lösung geeignet, sondern nur imstande, mit einer gewissen Genauigkeit die Menge an jenen Stoffen zu ermitteln, welche von der Haut adsorbiert werden.**

Deshalb verbürgt auch diese Methode, mag sie auf welchen Genauigkeitsgrad auch immer ausgearbeitet sein, **nur dann praktisch wertvolle Ergebnisse, wenn wir bei ihrer Durchführung gleichzeitig der Beschaffenheit des zu analysierenden Stoffes Rechnung tragen.** So kann beispielsweise ein nach dieser Methode erhaltenes Ergebnis dann als „Gerbstoffe" bezeichnet werden, wenn wir von der untersuchten Verbindung behaupten können, daß sie keine anderen von der Haut absorbierbaren Stoffe enthält. Anderenfalls niemals. Aus diesem Grunde kann daher auch einer nach dieser Methode durchgeführten Analyse von Stoffen unbekannter Zusammensetzung kein praktischer Wert beigemessen werden.

Halten wir uns das eben Gesagte klar vor Augen, so ersehen wir, daß der Adsorptionsmethode zur Gerbstoffbestimmung nur insoferne eine Bedeutung zukommt, als sie es ermöglicht, in der Lösung einer großen Anzahl von Stoffen diese in zwei Gruppen zu unterteilen, nämlich in: solche, die von der Haut adsorbiert werden, und solche, welche nicht adsorbierbar sind.

Diese Unterteilung ist nun nicht nur für zahlreiche Gebiete der Praxis, als vielmehr auch für viele Forschungsarbeiten, welche natürliche pflanzliche Stoffe zum Gegenstand haben, sehr wertvoll. Deshalb darf jedoch ihre Bedeutung durchaus nicht übertrieben werden. Wir betonen dies, weil diese Ueberschätzung bisher hauptsächlich von Leuten der Gerbereipraxis ausgeht, die oft den Begriff der „auf der Haut absorbierbaren Stoffe" mit dem Begriff „Gerbstoffe" in Uebereinstimmung bringen. Und im Bestreben, die Analysenergebnisse dieser unrichtigen Vorstellung anzupassen, wurde später die Durchführung der Methode derart abgeändert, daß die Adsorption nicht völlig zu Ende verläuft. Davon soll später berichtet werden.

Ein großer Uebelstand sowohl der Filter- wie auch der Schüttelmethode bestand darin, daß sich das Hautpulver in Wasser und in den zu analysierenden Lösungen sehr leicht auflöste, und die gelösten Bestandteile dann im Rückstand der entgerbten Lösung als „Nichtgerbstoffe" bestimmt wurden. Dieser Fehler war bei der Filtermethode um vieles größer als bei der Schuttelmethode. Nach dieser wurde das ganze Hautpulver auf einmal mit der Gerbstofflösung zusammengebracht, was bis zu einem bestimmten Grad seine Wasserunlöslichkeit bedingte. (Fällung der Eiweißstoffe.) Im Gegensatz dazu wurde die Lösung bei der Filtermethode gewöhnlich schon in den niedersten Schichten des Hautpulvers völlig entgerbt, ging dann oftmals sauer hindurch und löste die oberen Schichten in bedeutendem Maße auf. Dieser Fehler war insoferne gefährlich, als er sich auch durch die mit Hilfe eines Blindversuches angebrachte Korrektur nicht beseitigen ließ, zumal die Löslichkeit des Hautpulvers einerseits vom Säuregehalt, anderseits von der Temperatur stark abhängt. Hauptsächlich bei hohen Temperaturen, wie beispielsweise in den südlichen Ländern, löste sich das Hautpulver in großen Mengen, so daß die Methode tatsächlich ganz unbrauchbar wurde. Seit dieser Zeit stammt gegen die Einführung der Filtermethode bei den in der Praxis tätigen Gerbereichemikern ein heftiger Widerstand, der vielfach bis heute anhält, obwohl der oben beschriebene Fehler bei den heutigen Modifikationen beider Methoden fast vollkommen beseitigt ist. Dies wurde dadurch möglich, daß anstelle von reinem Hautpulver chromiertes Hautpulver Verwendung fand. Schon vom Jahre 1901 an wurde nach einem Vorschlag von Prof. Weiss von vielen Chemikern der Einfluß eines verschieden starken Chromierens überprüft, und um das Jahr 1905 bürgerte sich die Benützung des sogenannten schwach chromierten Hautpulvers ein.

Basische Chromsalze besitzen in noch weit höherem Maße als Gerbstoffe die Fähigkeit, die Haut zu gerben, d. h. für kaltes und heißes Wasser unlöslich zu machen. Wenn wir auf Hautpulver basische Chromsalze in geeigneter Lösung einwirken lassen und schließlich jegliche Spur von gelösten Salzen auswaschen, erhalten wir einen Stoff, der zur Gerbstoffadsorption in hohem Maße befähigt, außerdem aber auch in Wasser fast ganz unlöslich ist. Das Chromieren darf nur sehr schwach erfolgen (1% Cr_2O_3).

Seither wird das chromierte Hautpulver allgemein benützt, und erst durch seine Verwendung wurde die Methode zur Bestimmung der „adsorbierbaren Stoffe" besonders genau.

Chromiertes Hautpulver wird in zweierlei Sorten verwendet:

1. Der Chemiker chromiert für jede Analyse ursprünglich reines Hautpulver selbst (sogenanntes frisch chromiertes Hautpulver).

2. Oder man kauft trockenes chromiertes Hautpulver unmittelbar von den Erzeugern.

Die erste Art verwendet man bei den Schüttelmethoden, die andere bei den Filter- und Schüttelmethoden.

Durch die Einführung von chromiertem Hautpulver wurden eigentlich die größten Uebelstände der auf Adsorption beruhenden Entgerbung, das ist das Auflösen der Adsorptionsmittel im gerbstoffreien Filtrat beseitigt. Die Ausmerzung dieses Fehlers ist aus den oben erwähnten Gründen hauptsächlich der Filtermethode zugute gekommen.

Um diese Zeit (1901—1906) wurde von amerikanischen Agrikulturchemikern eine neue Vorschrift der Schüttelmethode ausgearbeitet. Die so abgeänderte „amerikanische Schüttelmethode" wurde nach mehrfachen Studien und Verbesserungen auf dem Kongreß der Lederindustriechemiker in Brüssel im Jahre 1908 als offizielle internationale Methode erwählt. Von diesem Jahre an wurde an der Vervollkommnung der Vorschrift zu dieser Methode sehr viel gearbeitet und dadurch erreicht, daß die hiebei erhaltenen Ergebnisse unter einander gut übereinstimmen.

In der ganzen umfangreichen Literatur über die Gerbstoffanalyse vom Jahre 1901 bis 1910 finden wir nur wenige Arbeiten, welche den Verlauf der Gerbstoffadsorption mit Hautpulver einem theoretischen Studium unterziehen. Diese langsamen Bestrebungen gingen rasch unter in der Flut von Arbeiten der praktisch tätigen Gerber und Extraktfabriken, bei denen oft unverhohlen die Frage in den Vordergrund trat: Welche Abart der Methode verbürgt für mein Gebiet die besten Erfolge? Die Berücksichtigung des Umstandes, welche Ergebnisse theoretisch richtig sind, trat sehr bald in den Hintergrund.

Es ist allgemein bekannt, daß Adsorptionen sehr schnell einen Gleichgewichtszustand anstreben. Geben wir in ein bestimmtes Lösungsvolum eine bestimmte Menge an Adsorptionsmittel und schütteln, so scheidet das Adsorptionsmittel eine bestimmte Menge von Stoffen aus der Lösung ab, und es wird ein Gleichgewichtszustand erreicht. Heute kennen wir dank den Arbeiten von F r e u n d l i c h u. a. auch genau die Gesetze dieses Gleichgewichtes, wissen schon, daß im Gleichgewichtszustand eine von der Konzentration des in Lösung verbliebenen Stoffes abhängige Menge von der Gewichtseinheit am Adsorptionsmittel gebunden wurde $\left(\frac{x}{m} = \beta \cdot c^{1/p}\right)$

Der Umstand, daß der Adsorptionsverlauf rasch in einem Gleichgewichtszustand endigt, der von der Stärke der Lösung abhängig ist, verursacht, daß man die Gerbstoffe der Lösung durch ein einziges Ausschütteln mit Hautpulver nicht vollständig entziehen kann. Diesem Umstand trugen schon die Erfinder der Schüttelmethode E i t n e r und Mitarbeiter Rechnung und setzten daher in der Absicht, eine quantitative Adsorption (d. h. Verschiebung des Gleichgewichtszustandes) zu erzielen, beim Schütteln das Hautpulver in einigen aufeinander folgenden Teilmengen zu. Bei der praktischen Ausarbeitung der Vorschriften für die amerikanische Schüttelmethode wurde jedoch, da zur Entgerbung nur ein einmaliges Schütteln mit einer einzigen Zugabe von Hautpulver empfohlen wird, dieser Umstand nicht berücksichtigt.

Zur Durchführung der Schüttelmethode muß die Lösung genau 3,75—4.25 g Gerbstoff je Liter enthalten. Die Entgerbung wird derart herbeigeführt, daß man 100 cm^3 dieser Lösung mit 6,5 g trockenem chromiertem Hautpulver versetzt, 10 Minuten schüttelt, abfiltriert und im Filtrat den Trockenrückstand der „Nichtgerbstoffe" bestimmt. Bei Einhaltung dieser Vorschrift verbürgt die Methode untereinander gut vergleichbare Ergebnisse.

Keinesfalls kann das Hautpulver nach dieser Vorschrift alle adsorbierbaren Stoffe enthalten, denn von diesen **verblieb ein bestimmter Teil in Lösung, da ja der Adsorptionsverlauf mit der Einstellung eines Gleichgewichtszustandes beendigt wurde.**

Die Menge der gelöst gebliebenen Stoffe ist je nach der Art der Gerbstoffe sehr verschieden. Aufgrund eigener Versuche wurde sichergestellt, daß sich Lösungen von Mimosa, Kastanien und Quebracho weitgehendst entgerben lassen, so daß kaum 2—4% Gerbstoff (offizielle Methode) in der Lösung zurückblieben. Im Gegensatz dazu werden andere Stoffe wie Gambir, Extrakte von Fichtenrinde, Eichenrinde und Eichenholz usw. unvollständig entgerbt, wobei vom jeweiligen Gerbstoffgehalt manchmal 20—30 % zurückblieben. Dies führte auch bei Analysen in der Praxis zu groben Fehlern. Sehr oft wurde hingewiesen, daß die offizielle Methode bei einigen Extrakten versagt, bzw. außergewöhnlich niedrige Ergebnisse liefert, so daß notgedrungenermaßen die Filtermethode angewendet werden mußte, soferne sich die Chemiker nicht mit anderen unzulässigen Abarten der Schüttelmethode, von denen in der Folge die Rede sein soll, aushalfen

Daß schon beim Ausarbeiten der offiziellen Methode dieser Nachteil nicht allzusehr berücksichtigt wurde, ist insoferne begreiflich, als zu jener Zeit die Mehrzahl der Gerbmittel, welche ungewöhnliche Ergebnisse zeigten, überhaupt nicht gehandelt wurden. Trotzdem wußten die Analytiker schon damals, daß eine ganze Reihe von Gerbmitteln nach der offiziellen Entgerbung Lösungen liefert, die noch in reichem Maße von der Haut absorbierbare Stoffe enthalten. Dieser Fehler wurde damals schließlich sogar begrüßt, denn man sagte sich: Verläuft die Adsorption vollkommen, so wird gemeinsam mit den Gerbstoffen eine gewisse Menge an tannoiden Stoffen und besonders Phenolcarbonsäuren mitbestimmt. Wenn daher die Schüttelmethode nicht vollkommen entgerbt, nähern sich ihre Ergebnisse jenem Idealzustand, wo man diese tatsächlich als „Gerbstoffe" ansprechen kann und nicht nur als „auf der Haut absorbierbare Stoffe". Hiebei spielte sicherlich auch noch die Ueberlegung eine Rolle, derzufolge für die Praxis der Lederindustrie scheinbar jene Methode am geeignetsten ist, die bei den Handelsanalysen den niedrigsten Gerbstoffgehalt anzeigt.

Es ist selbstverständlich, daß nach der schon früher gegebenen Erklärung des Adsorptionsgleichgewichtes eine derartige Auffassung unmöglich ist. Eine Unterteilung der „auf der Haut absorbierbaren Stoffe" in Gerbstoffe im eigentlichen Sinne des Wortes und in Nichtgerbstoffe, derart, daß die bei der ersten Einstellung des Gleichgewichtes erhaltenen Analysenzahlen als richtige Ergebnisse hingestellt werden, ist durchaus willkürlich und entbehrt jeglicher wissenschaftlicher Berechtigung.

Reaktionen, deren Verlauf durch Einstellung eines Gleichgewichtszustandes beendigt wird, sind in der analytischen Chemie nicht selten. Bei der Ausarbeitung analytischer Methoden muß man sich daher stets bemühen, durch Wahl geeigneter Reaktionsbedingungen den Gleichgewichtszustand derart zu stören, daß die Reaktion nach einer Richtung hin zu Ende verläuft. Infolgedessen ist es auch bei einer auf dem Prinzip der umkehrbaren Adsorption durch Hautpulver aufgebauten Gerbstoffbestimmungsmethode notwendig, solche Vorschriften aufzustellen, welche die Einstellung eines Gleichgewichtszustandes unmöglich machen. Das ist bei der Filtermethode der Fall, wo die Entgerbung sozusagen nach einem Gegenstromprinzip vor sich geht und ein Gleichgewicht, so lange die Hautpulvermenge im Geräte ausreicht, nicht möglich ist. Ein Vorgang, wie er zur Ausarbeitung der offiziellen analytischen Methode gewählt wurde, nämlich Festlegung der Gleichgewichtsbedingungen und Auswertung der hiebei erhaltenen Zahlen als Analysenergebnisse, muß vom theoretischen Standpunkte aus verurteilt werden. Es ist dies dasselbe, wie wenn jemand eine auf Schwefelwasserstoff - Fällung beruhende Zinkbestimmungsmethode in schwefelsaurer Lösung ausarbeiten wollte, welche die genaue Einhaltung der Temperatur, Zinksulfatkonzentration u. s. w. vorschreibt, und dann die Fällung ohne Zusatz von Natriumazetat durchführen wollte. Zweifellos würde eine peinliche Einhaltung der Arbeitsbedingungen untereinander sehr gut vergleichbare Ergebnisse zeigen. Jegliche Aenderung der Konzentration wird jedoch die Uebereinstimmung hinfällig machen.

Dasselbe ist auch bei der Schüttelmethode der Fall. Sobald man bemerkte, daß bei einigen Extrakten allzuviel Gerbstoff in Lösung verblieb, wurde empfohlen, zur Verringerung dieser Fehler weniger Extrakt einzuwägen. Dieser Rat wurde durchaus ernst genommen und ist wieder ein Beweis, wie wenig sich auch erfahrene Gerbstoffanalytiker bewußt waren, worauf ihr Methodenprincip eigentlich beruhe. Die Reaktionsbedingungen sind ja im Augenblick des Adsorptionsgleichgewichtes eine Funktion der Konzentration. Die Verteilung der Gerbstoffe zwischen Wasser und Hautpulver hängt von der Konzentration der Lösung oder der Menge des eingewogenen Untersuchungsmaterials ab. Mit anderen Worten: Die Ergebnisse der Schüttelmethode sind in erster Linie von der Einwage abhängig.

Eine genaue Vorschrift der Anfangskonzentration ist unbedingt notwendig, wenn die Schüttelmethode überhaupt vergleichbare Ergebnisse verbürgen soll. Wir führten in unserer Anstalt einige Versuchsreihen durch, um dieses theoretische Ergebnis durch Versuchsergebniss zu stützen. Wie zu erwarten war, bestätigten diese in vollster Uebereinstimmung unsere Vermutungen, wie dem nachfolgenden allgemein gehaltenen Diagramm (Abb. 13) zu entnehmen ist.

Bei allen Gerbstoffen erhält man im Grunde genommen ein diesen Linien ähnliches Bild. Unterschiede treten nur in den Mengen auf (Segment a beträgt bei manchen Gerbstoffen kaum 5 %, bei manchen wieder bis 45 % des Gesamtergebnisses). Aus dem Diagramme geht hervor, daß die Ergebnisse der Schüttelmethode im Gegensatz zu jenen der Filtermethode schrankenlos von der Konzentration der analytischen Lösung abhängen.

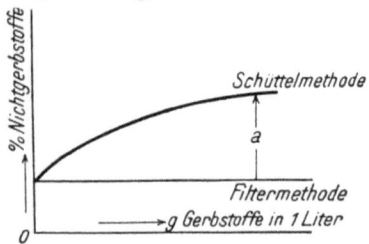

Abb. 13. Abhängigkeit der erhaltenen Gerbstoffmengen von der Konzentration der analytischen Lösung.

Alle diese angeführten Tatsachen, die fast durchweg den Lederindustriechemikern schon längst mehr oder weniger geläufig sind, zeigen, daß die heutige offizielle Gerbstoffbestimmungsmethode weder den theoretischen Anforderungen, noch den Bedürfnissen des Handels oder jenen des wissenschaftlichen Laboratoriums vollkommen gerecht wird.

Einstweilen haben wir leider für die bisherigen Methoden keinen Ersatz, und deshalb bleiben auch beide, sowohl die Schüttel- als auch die Filtermethode für die Gerbstoffanalyse der Praxis in Gültigkeit. Die Schüttelmethode mit nichtchromierten, von der Fa. B a i r d u. T a t l o c k, 14—15 Groß Street, Hatton Garden, London, E. C. I. gelieferten amerikanischen Hautpulver ist die offizielle Methode der International Society of Leather Trades Chemists, gültig und anerkannt in England, Frankreich, Belgien, Spanien und einem großen Teile Italiens (d. h. in jenen Ländern, die zur Internationalen Vereinigung der Lederindustriechemiker gehören).

Die Schüttelmethode mit Freiberger Hautpulver ist gemäß Beschluß des Internationalen Kongresses der Lederindustriechemiker in Berlin, August 1927, offiziell für Deutschland und die zur I. V. L. I. C. gehörigen Staaten. In den mitteleuropäischen Ländern Holland, Deutschland, Schweden, Norwegen, Dänemark, Oesterreich, Jugoslawien, Polen, soweit es sich beurteilen läßt auch in Rußland und am Balkan wird aber bisher vielfach nach der Filtermethode mit chromiertem Freiberger Hautpulver (hergestellt von der Deutschen Versuchsanstalt für Lederindustrie, Freiberg in Sa.) analysiert.

Für die Handelsanalysen sind in der Tschechoslowakei bis auf weiteres beide Methoden zulässig. In jedem Analysenprotokoll muß jedoch ausdrücklich angeführt werden, nach welcher Methode die Gerbstoffbestimmung vorgenommen wurde. Auch muß die Untersuchung stets genau nach den für jede Methode unten angeführten Vorschriften erfolgen.

Allgemeine Vorschriften zur Entgerbung der Lösung.

Die entgerbte Lösung darf, mit 1 Tropfen einer Gelatinelösung versetzt, keinen Niederschlag geben. Das Reagens wird folgendermaßen zubereitet:

1 g Blattgelatine (für photographische Zwecke) und 10 g reines NaCl werden in 100 cm³ destillierten Wassers aufgelöst. Dann setzt man einige Tropfen Essigsäure oder Lauge hinzu, so daß die Lösung eine pH-Konzentration von ca. 4,7 aufweist, d. h. mit Methylrot eine rote und mit Methylorange eine gelbe Färbung gibt. Um die Lösung für längere Zeit haltbar zu machen, werden 2 cm³ Toluol hinzugefügt. Die Herstellungstemperatur darf 60° C nicht überschreiten.

A. Chemikalien und Lösungen für die Entgerbung nach der Schüttelmethode.

a) Hautpulver.

Man verwendet weißes nichtchromiertes Freiberger Hautpulver, das entweder in verzinnten Blechdosen oder in Pulvergläsern derart aufbewahrt sein muß, daß seine Feuchtigkeit konstant bleibt. Hautpulver für die offizielle Analyse muß folgenden Bedingungen entsprechen:

1. Der Aschengehalt darf 0,3 % nicht überschreiten. Die Alkalität dieser Asche soll kleiner sein als 1 mg Na_2CO_3 auf 6,5 g Trockensubstanz.

2. 2 g Hautpulver werden in 100 cm³ einer reinen Essigsäurelösung, deren pH 5,5 beträgt, eingerührt.

Nach 24 Stunden darf der pH-Wert nicht größer als 5,6 und nicht kleiner als 5,4 sein.

3. Das Hautpulver muß derart gemahlen sein, daß es durch ein Netz von 4 Maschen auf 1 cm Länge restlos hindurchgeht.

4. Rührt man 7 g Hautpulver in 100 cm³ einer $^1/_{10}$-n. KCl-Lösung ein und läßt unter zeitweisem Schütteln 24 Stunden stehen, soll der pH-Wert des Filtrates zwischen 5,0—5,4 liegen.

b) 1. **Chromalaunlösung zur Chromierung des Hautpulvers nach der offiziellen internationalen Methode.**

30 g krystallisierter Chromalaun, dessen Zusammensetzung genau der Formel $Cr_2/SO_4/_3 \cdot K_2SO_4 \cdot 24 H_2O$ entsprechen soll, werden bei einer Temperatur von 18—20° C in 1 Liter reinen destillierten Wassers gelöst.

Ueber 30 Tage alte Lösungen dürfen nicht mehr verwendet werden.

b) 2. **Basische Chromchloridlösung zur Chromierung von Hautpulver nach der alten englischen Methode** wird hergestellt durch Auflösen von 100 g krystallisiertes normales Chromchlorid, $CrCl_3 \cdot 6 H_2O$ in wenig Wasser. Dann setzt man vorsichtig unter ständigem Rühren 30 g wasserfreies Natriumkarbonat, gleichfalls in wenig Wasser gelöst hinzu. Nun erwärmt man zur Austreibung der Kohlensäure am Wasserbad und füllt nach dem Erkalten mit destilliertem Wasser zu 1 Liter auf. Befolgt man genau diese Vorschrift, so entsteht nach dem Auffüllen und Umschütteln weder eine Trübung noch Fällung. Zur Chromierung von 6,5 g trokkenem Hautpulver benötigt man 1,3 cm³ dieser Stammlösung. Das verwendete Chromchlorid muß chemisch rein sein und der Formel $CrCl_3 \cdot 6 H_2O$ entsprechen. Die Basizität der fertigen Lösung muß 50 % nach **Schorlemmer** (entsprechend der Formel $Cr_2Cl_3(OH)_3$ betragen.

c) **Kaolin zur Filtration.**

Reines gepulvertes Kaolin wird zunächst zur Entfernung löslicher Stoffe mit Salzsäure (1:5) behandelt, und dann die Säure mit destilliertem Wasser vollkommen ausgewaschen. Vermischt man 1 g dieses so gereinigten und getrockneten Kaolins mit 100 cm³ destillierten Wassers und schüttelt gründlich durch, so muß der pH-Wert der Lösung zwischen 4,0 und 6,0 liegen. Diese darf also mit Methylorange keine rote und mit Bromkresolsulfophtalein keine purpurne Färbung geben. Wird 1 g gereinigter Kaolin mit 100 cm³ $\frac{n}{100}$ Essigsäurelösung geschüttelt, so darf der getrocknete Abdampfrückstand des Filtrats 0,001 g nicht erreichen.

d) Filterleinwand.

Nach der Schüttelmethode benützt man zum Auswaschen des chromierten Hautpulvers und zur ersten Filtration der entgerbten Lösung nichtappretierte Flachsleinwand. Das Gewebe darf nicht chemisch gebleicht und muß genügend grob sein, damit das Wasser leicht hindurchgeht. Vor Benützung kocht man die Leinwand einigemale im destillierten und öfters erneuerten Wasser aus, wodurch auch die letzten Spuren der Appretur entfernt werden. Zum Waschen der Leinwand verwendet man nur destilliertes Wasser, keine Seife.

e) Filtrierpapier.

Zur Filtration der entgerbten Lösung nach der Schüttelmethode verwendet man nur Faltenfilter von 15 cm Durchmesser, Marke „Schleicher und Schüll Nr. 605" oder schwedisches Papier „Munktell Nr. 1. F." Zur Filtration der Gerbstofflösung mit Kaolin werden Faltenfilter Schleicher und Schüll Nr. 590, Munktell Nr. 1. F., Durieux „Super" oder Watmann Nr. 4 empfohlen.

f) Reagentien zur Prüfung auf Chlorionen.

Diese Reagentien benützt man bei der Herstellung des chromierten Hautpulvers nach der alten englischen Methode zur Prüfung, ob das Hautpulver mit destilliertem Wasser genügend ausgewaschen wurde.

Es sind dies: eine 10%ige Lösung vom reinen krystallisierten Kaliumchromat und eine 1/10-n-Lösung vom chemisch reinen, kristallisierten Silbernitrat (17 g $AgNO_3$ in 1 Liter destillierten Wassers).

B) **Entgerbung der analytischen Lösung nach der internationalen offiziellen Schüttelmethode.**

Für jede Nichtgerbstoffbestimmung wird soviel Hautpulver, wie 6,25 g Trockensubstanz entspricht, benötigt. Sind n Entgerbungen durchzuführen, so wird die n-fache Menge und dazu 6 g abgewogen, mit der 10-fachen Menge destillierten Wassers geschüttelt und 1 Stunde stehen gelassen. Dann wird für jedes 1 g lufttrokkenes Hautpulver 1 cm³ der Chromalaunstammlösung (Lösung b. 1.) zugegeben und gründlich durchgeschüttelt. Das Durchschütteln wird während einiger Stunden öfters wiederholt, dann läßt man über Nacht stehen. Am nächsten Morgen wird das chromierte Hautpulver auf eine reine Leinwand (Segeltuch) gebracht, abtropfen gelassen und ausgepreßt. Dann bringt man die Leinwand in ein geeignetes Gefäß, öffnet und läßt die 15-fache Menge destillierten Wassers (bezogen auf lufttrockenes Hautpulver) zufließen.

Man mischt gut durch, läßt 15 Minuten stehen, nimmt dann das Segeltuch mit dem Hautpulver heraus, läßt abtropfen und preßt annähernd auf 75 % Feuchtigkeit ab. Durchwaschen, Abtropfen und Abpressen wird dreimal wiederholt. Das letzte Abpressen wird gründlicher durchgeführt, das Hautpulver quantitativ auf ein austariertes Uhrglas gehäuft, gewogen und durch vorsichtigen Wasserzusatz auf einen Feuchtigkeitsgehalt von genau 75 % eingestellt. Mit 20 g dieses Hautpulvers wird eine Wasserbestimmung ausgeführt. Das übrige Hautpulver wird sofort für die Einzelbestimmungen in je 250 cm³ fassende Pulvergläser eingewogen und sorgfältig verschlossen.

Bestimmung der Nichtgerbstoffe.

Zum feuchten chromierten Hautpulver, dessen Menge womöglich genau 6,25 g trockenen Hautpulvers entspricht (die Grenze 6,1—6,4 darf nicht überschritten werden), werden 100 cm³ der zu untersuchenden „analytischen" Gerbstofflösung gegeben, und sofort genau 10 Minuten auf der Schüttelmaschine mit 50—60 Umdrehungen in der Minute durchgeschüttelt. Dann wird Lösung und Hautpulver auf eine reine, in einem Trichter befindliche trockene Segelleinwand gegossen. Nachdem Abtropfen wird mit der Hand ausgepreßt, zum

Filtrat 1 g Kaolin zugesetzt und gut durchgemischt. Nun wird durch ein trockenes Faltenfilter (Schleicher und Schüll Nr. 590) von 15 cm Durchmesser filtriert und das Filtrat so oft zurückgegossen, bis es vollkommen klar ist. Trichter und Auffanggefäß sollen hiebei ständig bedeckt sein. (Das Filtrat muß mit der Gelatinelösung geprüft werden und soferne 10 cm^3 mit 2 Tropfen Reagens eine Trübung geben, dies im Analysenprotokoll mitgeteilt werden.) In 50 cm^3 Filtrat bestimmt man den Trockenrückstand, beispielsweise S Gramm. Das erhaltene Gewicht muß entsprechend der durch den Wassergehalt des Hautpulvers verursachten Verdünnung berichtigt und dieses berichtigte Gewicht zur Berechnung der Nichtgerbstoffprozente verwendet werden. Enthält z. B. das nach der oben beschriebenen Chromierung gewonnene Hautpulver genau 75% Wasser, so wägt man für jeden Entgerbungsversuch 6,25 × 4 = 25 g des feuchten, chromierten Pulvers ab. Diese enthalten 18,75 cm^3 Wasser, was mit den 100 cm^3 Extrakt zusammen 118,75 cm^3 ergibt. Aus den gefundenen S g Trockenrückstand in 50 cm^3 erhält man also nach Berichtigung für diese Verdünnung S × 1,188 g. Wurden auf einen Liter analytischer Lösung A g Gerbstoffe eingewogen, so beträgt der Nichtgerbstoffgehalt in %

$$\frac{2000 \cdot S \cdot 1{,}188}{A} = (\text{Wert d aus Kapitel I.}).$$

C. Entgerbung der analytischen Lösung nach der alten (engl.) Schüttelmethode.

Die Gerbstofflösung wird durch 15 Minuten langes Schütteln mit chromiertem Hautpulver entgerbt.

a) Herstellung des chromierten Hautpulvers.

Man bestimmt die Feuchtigkeit des Hautpulvers „X". Nach der Anzahl der Analysen „n" wägt man dann:

$$(n + 1)\left(6{,}5 + \frac{6{,}5 \cdot X}{100}\right) \text{Gramm}$$

Hautpulver in ein gut verschließbares Pulverglas von etwa (n + 1) . 100 cm^3 Inhalt ein und setzt die 10-fache Menge an destilliertem Wasser zu. Nach gleichmäßigem Durchmischen pipettiert man (n+1) . 1,3 cm^3 der basischen Chromchlorid-Stammlösung (b. 2.) hinzu und schüttelt eine Stunde lang auf der Schüttelmaschine mit 50—60 Umdrehungen in der Minute. Dann gießt man den Inhalt auf eine dichte Leinwand (siehe d), windet durch Zusammendrehen des losen Endes aus und wäscht bei wiederholtem Auswinden so lange, bis 50 cm³ des Filtrates mit einem Tropfen 10%iger Kaliumchromatlösung (Lösungen f) und 4 Tropfen 1/10-n. Silbernitratlösung nur eine ziegelrote Trübung geben. Gewöhnlich genügt dazu ein 5maliges Durchwaschen. Das Hautpulver wird dann sorgfältigst ausgewunden und vom Tuch womöglich ohne Verlust[5]) auf ein bis auf 0,05 g austariertes Uhrglas gebracht. Man wägt sofort wiederum auf 0,05 g genau. Ist das Gesamtgewicht des Hautpulvers m, so werden in (n + 1) Pulvergläser (jedes von etwa 250 m³ Inhalt) (n + 1) Teile von $\left(\frac{m}{n+1}\right)$ g Gewicht eingewogen und aus einer Meßpipette mit je $\left(26.5 - \frac{m}{n+1}\right)$ cm³ destillierten Wassers versetzt. Es befinden sich also in jedem Pulverglas 6,5 g trokkenes Hautpulver und 20 cm³ Wasser. Zu „n" Pulvergläsern pipettiert man nun je 100 cm³ der nichtfiltrierten analytischen Lösungen und in das restliche Pulverglas 100 cm³ destilliertes Wasser (Blindversuch). Alle Pulvergläser werden verschlossen, einige Male in der Hand kräftig geschüttelt und dann auf die Schüttelmaschine mit 40—50 Umdrehungen in der Minute gebracht. Das Schütteln dauert 15 Minuten. Indessen bereitet man sich (n + 1) Trichter (von rd. 10 cm Durchmesser) vor und legt in jeden ein nach Art eines Filters zusammengefaltetes reines Segeltuch (15 × 15 cm) ein. Der Flascheninhalt wird nach dem Durchschütteln auf die vorbereiteten Tücher gegossen und der Rückstand auf dem Tuch leicht ausgedrückt. Der entgerbte Ablauf wird in Bechergläser von rd. 150 cm³ Inhalt aufgefangen. In jedes rührt man sodann 1 g reinen geschlemmten Kaolins (siehe c) ein und filtriert durch Faltenfilter. Vom klaren Filtrat pipettiert man je 60 cm³, die 50 cm³ der ur-

---

[5]) Die letzten Hautpulverreste bekommt man leicht vom Tuch herunter, wenn man dieses an den vier Enden fassend gegen den Tisch schlägt. Die Hautpulverreste sammeln sich so in der Mitte der Leinwand, von wo man sie in Gestalt kleiner Kügelchen ablösen kann.

sprünglichen Analysenlösung entsprechen, in eine gewogene Abdampfschale, oder man dampft besser 50 cm³ ab und berichtigt das Rückstandsgewicht durch Multiplikation mit $6/5 = 1,2$. Abdampfen und Trocknen wird unter den gleichen Bedingungen wie bei der Bestimmung des Gesamttrockengehaltes und der löslichen Stoffe durchgeführt. Das so erhaltene Gewicht an Nichtgerbstoffen wird noch durch Subtraktion des beim Blindversuch erhaltenen Rückstandsgewichtes berichtigt, das 5 mg nicht überschreiten soll. Das entgerbte Filtrat muß stets mit Gelatinelösung auf einen etwaigen Gerbstoffgehalt geprüft werden. Soferne die entgerbte Lösung nach Hinzufügen von 1 oder 2 Tropfen des Reagens eine Trübung ergibt, ist dies im Protokoll zu erwähnen.

Berechnung: Ist **S** der Rückstand von 50 cm³ des entgerbten Filtrates in g und **A** das auf 1 l eingewogene Extraktgewicht, so beträgt der

Nichtgerbstoffgehalt in $\% = \dfrac{2000 \cdot S \cdot 1{,}2}{A} =$ (Wert **d** aus Kap. I.)

* * *

Gegen die Schüttelmethode wurden überaus viele Einwände erhoben. (Siehe die Einleitung zu diesem Kapitel.)

Außer den grundsätzlichen Bedenken[6]), derentwegen die Schüttelmethode bei den mitteleuropäischen Lederindustriechemikern unbeliebt ist, sind es hauptsächlich die zur Durchführung dieser Methode notwendigen Arbeiten, die vom Standpunkte des Analytikers zumindest sehr eigenartig sind und den Widerstand der Chemiker gegen ihre allgemeine Einführung hervorrufen. Das Waschen und Auspressen des frisch chromierten Hautpulvers auf der Leinwand, ebenso wie das nachfolgende Filtrieren der entgerbten Lösung durch Leinwand wird von unseren Chemikern als umständliche Arbeit gewertet. Vor einigen Jahren wurde im Brünner Gerbereichemischen Forschungsinstitut eine Vorschrift ausgearbeitet, welche diese unanalytischen Manipulationen vermeidet, ohne hiebei die Methodengrundlage zu ändern. Zur Durchführung wird eine

---

[6]) Siehe K u b e l k a u. Mitarbeiter, Coll. **1921**, S. 77; **1922**, S. 85, 143, 167.

Laboratoriumszentrifuge mit einer Umdrehungszahl von 4000 in der Minute benötigt, in der Gefäße von 200 cm³ Inhalt Platz haben.

Hiefür eignen sich ganz gut normale Zentrifugiergefäße, wie sie in Abb. 14 links abgebildet sind. Noch praktischer sind modifizierte Gefäße (Abb. 15) rechs), die jedoch bei gleichem Inhalt bedeutend länger sind, so daß eine größere Zentrifuge und kompliziertere Aufhängevorrichtung notwendig wird. Die Gefäße werden mit gut passenden Gummideckelu verschlossen, welche außen breiter sind, um sich während des Zentrifugens in das Gefäß nicht einzupressen. Derartige Stopfen sind in jeder einschlägigen Gummiwarenhandlung erhältlich. Zur Analyse wird in jedes Gefäß die notwendige Menge an Hautpulver eingewogen, die entsprechende Lösung (Chromierungsflüssigkeit, Gerbstofflösung oder Waschwasser) hinzupipettiert und hierauf in geschlossenem Gefäß geschüttelt.

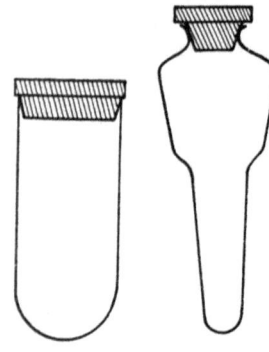

Abb. 15. Gefäße zur Durchführung der Schüttelmethode nach der Abänderung des Forschungsinstitutes für Lederindustrie an der Tschech. Technischen Hochschule in Brünn.

Die Trennung der Flüssigkeit vom Hautpulver wird durch 5 Minuten langes Zentrifugieren bei voller Umdrehungszahl bewerkstelligt.

Diese Zeit genügt vollauf, um das Hautpulver als feste Schichte am Boden niederzuschlagen. Man erhält dann die Lösung durch bloßes Abgießen quantitativ. Auf diese Weise wird eine leichte und schnelle Abscheidung des Hautpulvers erzielt und hiebei gleichzeitig die Verwendung der unbeliebten und unbequemen Tücher vermieden. Die Benützung von Zentrifugen bei der Schüttelmethode wird besonders dann eine durchschlagende Vereinfachung bedeuten, wenn auch die Bestimmung der unlöslichen Stoffe durch Zentrifugieren durchgeführt wird.[7]

Es soll jedoch hervorgehoben werden, daß trotz dieser Ausführung die Schüttelmethode um-

---

[7] Kubelka-Bělavský, Coll. 1925, S. 75, 111, 247.

ständlicher und infolgedessen weniger genau ist, als die Filtermethode.

D. **Entgerbung der analytischen Lösung nach der Filtermethode.**

Die Filtermethode weicht von der Schüttelmethode in der Art der Entgerbung ab. Die Nichtgerbstoffe werden durch Filtrieren der analytischen Lösung über schwach chromiertes, trockenes Hautpulver und Bestimmung des Trockenrückstandes einer abgemessenen Menge der entgerbten Lösung ermittelt.

Benötigte Geräte und Reagentien.

a) Das Glockenfilter (Abb. 16),

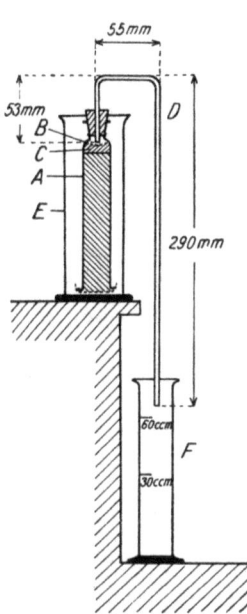

Abb. 16.
Entgerbung nach der sog. Filtermethode.

besteht aus einem gläsernen Zylinder A von 130 mm Höhe und 22 mm lichter Weite. In seinem Hals ist mit einem durchbohrten Gummistopfen ein zweimal rechtwinkelig gebogenes Kapillarrohr befestigt. Der längere Arm der Kapillare beträgt 290 mm, der kürzere 53 mm und innere Durchmesser 1,5 mm. Das Glockenfilter A wird in ein gläsernes Zylindergefäß E von 160 mm Höhe und 45 mm Breite gestellt. Das längere Ende der Kapillare D reicht in die Oeffnung eines Meßzylinders F, der mit 2 Marken, der einen bei 30, der anderen bei 60 cm³, versehen ist.

b) Schwachchromiertes Hautpulver stellt die Deutsche Versuchsanstalt für Lederindustrie, Freiberg in Sa. her. Dieses Pulver darf bei üblicher Feuchtigkeit von 12% nicht mehr als 1% Cr_2O_3 enthalten. Sein Gehalt an wasserlöslichen, durch einen blinden Kontrollversuch (sog. Korrektur des Hautpulvers) ermittelten Bestandteilen darf 0,025 g auf 7,5 g Pulver, das sind 0,3% des Hautpulvergewichtes nicht überschreiten.

Durchführung der Filtermethode.

Die Filterglocke A wird derart gefüllt, daß man in die umgekehrte Glocke (zum Hals) zunächst das Scheibchen eines kupfernen Drahtnetzes B, weiters eine dünne Schichte von Glaswolle C einlegt und dann nicht allzu fest das trockene, schwach chromierte Freiberger Hautpulver (siehe oben) einstopft. Dazu benötigt man rd. 7,5 g. Die gefüllte Glocke wird mit einem kupfernen Drahtnetz als Deckel verschlossen. Im Hals der Glocke befestigen wir mit Hilfe eines Gummistopfens das Kapillarrohr D. Die so hergerichtete Glocke wird in den Glaszylinder E gestellt. Nun gießt man in kleinen Portionen die analytische Lösung derart ein, daß Zylinder E in etwa 15 Minuten gefüllt und die Filterglocke vollgesaugt ist. Dann zieht man durch gelindes Saugen die entgerbte Lösung in die Kapillare, sodaß sie dann von selbst in den untergestellten Meßzylinder F eintropft. Die ersten 30 cm³ werden zum Ausspülen der Pipette verwendet. Von weiteren 60 cm³ werden nach Unterbrechung des Zuflusses durch Lockern des Stöpsels im Glockenhals 50 cm³ zur Trockene verdampft. Als Berichtigung zieht man von diesem das Gewicht des beim gleichzeitig durchgeführten Blindversuch mit destilliertem Wasser erhaltenen Rückstandes ab. Das Entgerben soll 40—60 Minuten dauern.

Berechnung: (S...... Gewicht des Trockenrückstandes von 50 cm³ entgerbter Lösung, A..... Menge der auf 1 Liter eingewogenes Gerbmittel).

Nichtgerbstoffe in % $= \dfrac{2000 \cdot S}{A} =$ (Wert **d** aus Kap. I).

Berechnung des Gerbstoffgehaltes.

Aus dem Unterschiede des Gehaltes an Gesamtlöslichem (Wert b) und dem an Nichtgerbstoffen (Wert d) erhält man den

Gerbstoffgehalt in % $= b - d$ .... (= Wert **e** aus Kap. I).

Genauigkeit der Gerbstoffbestimmung.

Alle Ergebnisse sollen stets Mittelwerte aus zwei Bestimmungen sein. Der absolute Fehler im Gerbstoffgehalt bezogen auf 100 soll kleiner als 2% sein. So sollen beispielsweise bei einem Extrakt mit 30% Gerbstoffen beide Ergebnisse auf 0,6%, bei einem solchen mit 60% auf 1,2% übereinstimmen. Wenn mehrere Chemiker das gleiche Muster untersuchen, sollen deren Ergebnisse auf 3% (bezogen auf 100) übereinstimmen. In den Analysenergebnissen verschiedener Chemiker sind folgende Unterschiede gestattet:

Gerbstoffgehalt:	Zulässige Unterschiede:
25%	0,8%
30%	0,9%
40%	1,2%
50%	1,5%
60%	1,8%
65%	2,0%

VI. Kapitel.

**Bestimmung des Zuckergehaltes von Gerblösungen.
Bestimmung des Aschengehaltes der Gerbmittel.
Die Farbe der Gerblösungen und ihre Messung.
Die Säuren der Gerblösungen.**

Bestimmung des Zuckergehaltes der Gerbmittel.

Die Zucker sind die wichtigsten Nichtgerbstoffe, die in den natürlichen Gerbmitteln auftreten. Aus ihnen entstehen bei der Gärung der Gerbbrühen und -Extrakte organische Säuren, welche die Eigenschaften des erzeugten Leders von Grund auf beeinflussen, denn sie verursachen die Quellung der Blößen bei der Gerbung. Daher ist der Gehalt an vergärbaren Zukkern im Gerbmittel zur Beurteilung seiner Verwendbarkeit fast ebenso wichtig, wie der Gerbstoffgehalt selbst. Außerdem ist die Bestimmung der Zuckermengen ein wichtiges Hilfsmittel für die Erkennung der Qualität und gegebenenfalls auch der Reinheit der Auszüge. Diese werden nämlich manchmal durch Zusätze von Zucker (Melasse) verfälscht. Die Zuckerbestimmung wird gleichfalls in der schon oben erwähnten analytischen Gerbstofflösung (Kapitel III.) vorgenommen. Man arbeitet nach den geläufigen analytischen Verfahren, besonders nach der gravimetrischen Methode von Fehling (bisweilen auch nach verschiedenen Titrationsmethoden, siehe unten). Vor der eigentlichen Zuckerbestimmung muß die Lösung von allen Gerbstoffen sorgfältig befreit werden, was durch Fällung mit Bleisalzen erreicht wird.

A. Benötigte Reagentien.

1. **Natriumsulfatlösung.**

Man stellt eine bei gewöhnlicher Temperatur (ca. 20^0 C) gesättigte Natriumsulfatlösung her, verdünnt dann derart, daß sie der weiter unten beschriebenen basischen Bleiazetatlösung äquivalent wird, d. h. gleiche Volumina beider Lösungen sich gegenseitig quantitativ ausfällen. (Siehe Abschnitt 2.)

2. Basisches Bleiazetat.

300 g reines Bleiazetat werden mit 100 g Bleiglätte und 50 cm³ destilliertem Wasser gut verrieben. Unter Ersatz des verdampfenden Wassers digeriert man so lange am Wasserbad, bis der Brei vollkommen weiß geworden ist. Die Masse wird dann in einen 1 Liter-Meßkolben gespült, gründlich gemischt, zur Marke aufgefüllt und nach Absitzenlassen filtriert.

3. Fehlingsche Lösung I.

69,2 g reines kristallisiertes Kupfersulfat ($CuSO_4 \cdot 5\ H_2O$) werden im destillierten Wasser gelöst und zu 1 Liter aufgefüllt.

4. Fehlingsche Lösung II.

346 g reines Seignette-Salz (Kaliumnatriumtartrat) und 250 g chemisch reines Kaliumhydroxyd löst man im destillierten Wasser und füllt nach dem Erkalten zu 1 Liter auf.

B. Bestimmung des direkt reduzierenden Zuckers.

1. Gravimetrische Methode nach Fehling-Schroeder.

Aus 200 cm³ der Gerbstofflösung (analytische Konzentration) fällt man die Gerbstoffe durch Zusatz von 20 cm³ der basischen Bleiazetatlösung. Man läßt mit dem Niederschlag unter zeitweiligem Durchmischen 15 Minuten stehen und filtriert dann durch ein trockenes Filter. In einigen gesondert aufgefangenen Tropfen des Filtrates überzeugt man sich, ob Bleiacetat keine weitere Fällung hervorruft. Entsteht ein Niederschlag, so muß die Fällung mit 30 cm³ Bleiacetat auf 200 cm³ Gerbstofflösung wiederholt werden. Zu 100 cm³ des entgerbten Filtrates setzt man 10 cm³ der Natriumsulfatlösung und filtriert nach vollständiger Abscheidung des Bleisulfates wiederholt durch ein trockenes Filter. Vom Filtrat verwendet man 50 bezw. 80 cm³ (je nach dem zu erwartenden Zuckergehalt) zur Zuckerbestimmung.

Die Reduktion der alkalischen Kupferlösung wird folgendermaßen herbeigeführt: In ein 200 cm³ fassendes Becherglas pipettiert man 30 cm³ der Kupferlösung (Fehlingsche Lösung I) und 30 cm³ der Seignette-Salzlösung (Fehlingsche Lösung II, bei 50 cm³ Zuckerlösung werden noch ca. 30 cm³ Wasser hinzugesetzt). Man erhitzt zum Sieden, stellt in ein siedendes Wasserbad, und läßt langsam unter gutem Umrühren 50, bezw. 80 cm³ der zu untersuchenden Zuckerlösung einfließen.

Die Lösung bleibt 30 Minuten im kochenden Wasserbad, das ausgeschiedene Kupferoxydul (Cu_2O) wird abfiltriert und seine Menge bestimmt.

Bei der gravimetrischen Kupferbestimmung kann man verschieden verfahren:

a) Ist die Menge des abgeschiedenen Kupferoxyduls verhältnismäßig klein, filtriert man durch ein quantitatives Filter, wäscht mit heißem Wasser gründlich aus und oxydiert durch scharfes Glühen im abgewogenen Porzellantiegel zu schwarzem Kupferoxyd. (CuO.) Aus diesem wird das Kupfer in mg berechnet.

b) Ist die Menge des abgeschiedenen Kupferoxyduls größer, würde sich die quantitative Ueberführung in Kupferoxyd nicht erreichen lassen. Man reduziert daher zweckmäßig im Wasserstoffstrom zu metallischem Kupfer.

Zur Filtration wird ein Asbestfilter von Soxhlet verwendet. Es ist dies ein aus schwer schmelzbarem Glas hergestelltes, an einem Ende verengtes und in eine Spitze ausgezogenes Röhrchen (siehe Abb. 17).

In den verengten Teil bringt man einen durchlöcherten Platinkonus und auf diesen eine rd. 2 cm hohe Schichte vom faserigen, gut ausgeglühten Asbest. Das Filter wird dann auf der Saugflasche gründlich mit heißem Wasser ausgewaschen, das Wasser durch einige cm³ absoluten Alkohol und Aether verdrängt, im Trockenschrank getrocknet, vorsichtig über der Flamme zum Glühen gebracht und nach dem Erkalten im Exsikkator gewogen. Zweckmäßig legt man es in einen Halter aus Aluminium oder Messingdraht ein und bestimmt das Gesamtgewicht von Röhrchen und Halter. Durch dieses Filter wird dann das Kupferoxydul filtriert, zunächst mit Wasser, dann mit Alkohol und zuletzt mit Aether wiederholt gründlich ausgewaschen. Sodann befestigt man es derart auf einem Stativ, daß das verengte Ende nach unten weist. Auf das breitere Ende wird das Zuführungsrohr für den Wasserstoff aufgesetzt. Nun leitet man so lange Wasserstoff hindurch, bis alle Luft aus dem Filter nachweisbar verdrängt wurde und beim Erwärmen keine Explosion eintritt. Man erkennt dies folgendermaßen: Auf das verengte Ende des Filterröhrchens wird ein Probierglas verkehrt, mit dem Boden nach oben aufgesetzt und so mit dem ausströmenden Gas gefüllt. Brennt dieses beim Anzünden lautlos ab, so ist alle Luft aus dem Filter entfernt und man kann mit dem vorsichtigen Erwärmen beginnen. Zunächst wird der oberste Teil des Filters angeheizt, dann schreitet man langsam bis zum verengten Teil vor. Der Sauerstoff des Kupferoxyduls verbindet sich mit dem Wasserstoff zu Wasser, das in Form von Wasserdampf entweicht und metallisches Kupfer bleibt nach der Gleichung:

$$Cu_2O + H_2 = 2\,Cu + H_2O$$

zurück. Sobald an den Wänden des Röhrchens kein Wasser mehr gebildet wird und das entweichende Gas mit bläulicher Flamme ruhig verbrennt, ist das Ende der Reduktion erreicht. Durch kurzes Zusammendrücken des Zuführungsschlauches löscht man die Wasserstoffflamme, läßt das Filter im Wasserstoffstrom erkalten und wägt. Die Reinigung des Filters erfolgt durch Auftropfen von konzentrierter Salpetersäure und schwaches Erwärmen, wodurch das Kupfer augenblicklich gelöst wird. Hernach wäscht man mit Wasser, Alkohol, Aether, und trocknet, durch welche Manipulation das Filterröhrchen samt Asbest zu neuerlichem Gebrauch fertig ist.

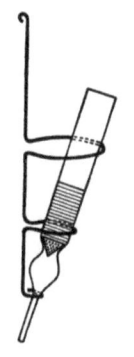

Abb. 16. Soxhlet-Röhrchen zur Reduktion des Kupferoxyduls.

Steht kein Filterröhrchen nach Soxhlet zur Verfügung, so kann das gefällte Kupferoxydul auf einem quantitativen Filter von bekanntem Aschengehalt gesammelt werden.

Man läßt die Lösung erkalten, filtriert und wäscht mit kaltem Wasser so lange, bis die blaue Färbung verschwunden ist. Das noch feuchte Filter wird vorsichtig zusammengefaltet, in einen geglühten und gewogenen Porzellantiegel gebracht und verascht. Nach dem Erkalten wird ein Rose-Deckel aufgelegt und durch dessen porzellanenes Zuführungsrohr Wasserstoff so lange eingeleitet, bis alle Luft verdrängt ist und man mit dem Erhitzen beginnen kann. Der weitere Arbeitsvorgang ist derselbe wie beim Filterröhrchen nach Soxhlet.

Die ermittelte Kupfermenge wird dann mit Hilfe der unten angeführten Tabelle auf Glukose umgerechnet (50 cm^3 der zur Reduktion verwendeten entgerbten Lösung entsprechen 41,32 cm^3, 80 cm^3 entsprechen 66,12 cm^3 der Stammlösung).

Sobald zur Entgerbung statt 20, 30 cm^3 der basischen Bleiacetatlösung verwendet wurden, setzt man, wie oben angeführt, zu 100 cm^3 der entgerbten Lösung zwecks Entfernung des überschüssigen Bleies 10 cm^3 der Natriumsulfatlösung. Vom Filtrat verwendet man 50, bezw. 80 cm^3 zur Zuckerbestimmung. In diesem Falle entsprechen dann 50 cm^3 des Filtrates 39,52 cm^3 der Stammlösung und 80 cm^3 — 63,24 cm^3.

Tabelle

zur Ermittlung des Traubenzuckers aus den durch Reduktion erhaltenen Kupfermengen.

(Die Mengen sind in mg angegeben).

Cu	Glukose	Cu	Glukose	Cu	Glukose	Cu	Glukose
1	0,4	13	5,3	25	10,3	37	15,4
2	0,8	14	5,7	26	10,7	38	15,9
3	1,2	15	6,1	27	11,1	39	16,3
4	1,6	16	6,5	28	11,6	40	16,7
5	2,0	17	7,0	29	12,0	41	17,2
6	2,5	18	7,4	30	12,4	42	17,6
7	2,9	19	7,8	31	12,9	43	18,0
8	3,3	20	8,2	32	13,3	44	18,4
9	3,7	21	8,6	33	13,7	45	18,0
10	4,1	22	9,0	34	14,1	46	19,3
11	4,5	23	9,4	35	14,6	47	19,7
12	4,9	24	9,9	36	15,0	48	20,2

Cu	Glukose	Cu	Glukose	Cu	Glukose	Cu	Glukose
49	20,7	90	41,8	131	62,6	172	82,9
50	21,3	91	42,3	132	63,1	173	83,4
51	21,8	92	42,8	133	63,6	174	83,9
52	22,3	93	43,3	134	64,1	175	84,4
53	22,8	94	43,9	135	64,6	176	84,9
54	23,3	95	44,4	136	65,1	177	85,4
55	23,9	96	44,9	137	65,6	178	85,9
56	24,4	97	45,4	138	66,1	179	86,4
57	24,9	98	45,9	139	66,6	180	86,9
58	25,4	99	46,4	140	67,1	181	87,4
59	25,9	100	46,9	141	67,6	182	87,9
60	26,4	101	47,5	142	68,1	183	88,4
61	26,9	102	48,0	143	68,6	184	88,9
62	27,4	103	48,5	144	69,1	185	89,4
63	28,0	104	49,0	145	69,6	186	89,9
64	28,5	105	49,5	146	70,1	187	90,4
65	29,0	106	50,0	147	70,6	188	90,9
66	29,5	107	50,5	148	71,1	189	91,3
67	30,0	108	51,0	149	71,5	190	91,8
68	30,5	109	51.6	150	72,0	191	92,3
69	31,0	110	52,1	151	72,5	192	92,8
70	31,6	111	52,6	152	73,0	193	93,3
71	32,1	112	53,1	153	73,5	194	93,8
72	32,6	113	53,6	154	74,0	195	94,3
73	33,1	114	54,1	155	74,5	196	94,8
74	33,6	115	54,6	156	75,0	197	95,3
75	34,1	116	55,1	157	75,5	198	95,8
76	34,6	117	55,7	158	76,0	199	96,3
77	35,1	118	56,2	159	76,5	200	96,8
78	35,7	119	56,7	160	77,0	201	97,3
79	36,2	120	57,2	161	77,5	202	97,8
80	36,7	121	57,7	162	78,0	203	98,3
81	37,2	122	58,2	163	78,5	204	98,8
82	37,7	123	58,7	164	79,0	205	99,3
83	38,2	124	59,2	165	79,5	206	99,8
84	38,7	125	59,7	166	80,0	207	100,3
85	39,2	126	60,2	167	80,5	208	100,8
86	39,8	127	60,7	168	81,0	209	101,4
87	40,3	128	61,2	169	81,4	210	101,9
88	40,8	129	61,7	170	81,9	211	102,4
89	41,3	130	62,2	171	82,4	212	102,9

— 84 —

Cu	Glu-kose	Cu	Glu-kose	Cu	Glu-kose	Cu	Glu-kose
213	103,5	254	124,8	314	156,5	396	202,7
214	104,0	255	125,3	316	157,6	398	203,8
215	104.5	256	125,8	318	158,7	400	205,0
216	105,0	257	126,3	320	159,8	402	206,2
217	105,5	258	126,9	322	160,9	404	207,3
218	106,0	259	127,5	324	162,0	406	208,5
219	106,6	260	128,0	326	163,0	408	209,7
220	107,1	261	128,5	328	164,1	410	210,8
221	107,6	262	129,0	330	165,2	412	212,0
222	108,1	263	129,5	332	166,3	414	213,2
223	108,7	264	130,1	334	167,4	416	214,4
224	109,2	265	130,6	336	168,4	418	215,5
225	109,7	266	131,1	338	169,5	420	216,6
226	110,2	267	131,6	340	170,6	422	217,9
227	110,7	268	132,2	342	171,7	424	219,0
228	111,2	269	132,7	344	172,8	426	220,2
229	111,8	270	133,2	346	173,9	428	221,4
230	112,3	271	133,7	348	175,0	430	222 5
231	112,8	272	134,2	350	176,2	432	223,7
232	113,3	273	134,7	352	177,3	434	225,1
233	113,8	274	135,3	354	178,5	436	226,4
234	114,4	275	135,8	356	179,6	438	227,8
235	114,9	276	136,3	358	180,8	440	229,1
236	115,4	278	137,4	360	181,9	442	230,5
237	115,9	280	138,4	362	183,1	444	231,8
238	116,4	282	139,5	364	184,2	446	233,2
239	117,0	284	140,5	366	185,4	448	234,5
240	117,4	286	141,6	368	186,5	450	235,9
241	118,0	288	142,6	370	187,7	452	237,2
242	118,5	290	143,7	372	188,8	454	238,6
243	119,0	292	144,7	374	190,0	456	239,9
244	119,5	294	145,8	376	191,1	458	241,3
245	120,1	296	146,9	378	192,3	460	243,6
246	120,6	298	147,9	380	193,4	462	244,0
247	121,1	300	149,0	382	194,6	464	245,3
248	121,6	302	150,1	384	195,7	466	246,7
249	122,1	304	151,1	386	196,9	468	248,0
250	122,7	306	152,2	388	198,0	470	249,4
251	123,2	308	153,3	390	199,2	472	250,8
252	123,7	310	154,4	392	200,3	474	252,1
253	124,2	312	155,5	394	251,5		

2. Titrimetrische Zuckerbestimmung nach Appelius und Schmidt.

Prinzip der Methode: Man bestimmt das Kupfer zunächst in der frischen Fehlingschen Lösung durch Titration mit $^1/_{10}$ n. Natriumthiosulfatlösung (Blindversuch) und zum zweiten Male nach der Reduktion mit der entgerbten Zuckerlösung. Die Differenz entspricht dem reduzierten (d. h. dem aus der Lösung ausgefällten) Kupfer.

Benötigte Reagentien.

a.) Herstellung und Faktorbestimmung der $^1/_{10}$ n. Natriumthiosulfatlösung.

Man löst etwa 24,8—25,0 g chemisch reines Thiosulfat ($Na_2S_2O_3$. $5 H_2O$) in 1 l destillierten Wassers. Der Faktor dieser Lösung, bezogen auf Jod, wird nach Zulkovsky bestimmt: In einem Gefäß von rd. 300 cm³ Inhalt werden 150 cm³ destilliertes Wasser, 10 cm³ einer Kaliumjodidlösung (100 g KJ in 1 l Wasser), 5 cm³ einer verdünnten Lösung von chemisch reiner Salzsäure (1 Teil konzentrierter Salzsäure auf 3 Teile Wasser) und 20 cm³ einer Kaliumbichromatlösung (3,874 g chemisch reines $K_2Cr_2O_7$ in 1 l Wasser) zusammengebracht. 20 cm³ dieser Lösung setzen 0,2 g Jod in Freiheit. Als Indikator eignet sich gut Stärkekleister. Nach ½stündigem Stehen läßt man aus einer Bürette so lange Thiosulfat zufließen, bis die blaue Farbe der Lösung nach hellgrün umschlägt.

Beispiel:

Zur Titration wurden 15 cm³ Thiosulfatlösung verbraucht.

1 cm³ $Na_2S_2O_3$ . . . $\frac{0,2}{15}$ = 0,0133 g Jod,

1 Atom Jod (126,92) . . . . 1 Atom Kupfer (63,6),

daher: 0,0133 g Jod . . . . 0,00667 g Cu nach der Proportion: 126,92 : 63,6 =. 0,0133 : X

1 cm³ Thiosulfatlösung . . . 0,00666 g Cu

b.) Kaliumjodidlösung: 80 g KJ in 250 cm³ destilliertem Wasser).

c.) Verdünnte Schwefelsäure (1 Teil konzentrierte H_2SO_4 und zwei Teile Wasser).

d.) Der Stärkekleister wird folgendermaßen bereitet: 5 g Stärke werden sorgfältig zerrieben und mit wenig kaltem Wasser zu einem gleichmäßigen Teig verrührt, welcher portionenweise einem Liter kochendes Wasser zugesetzt wird. Die Stärkelösung kocht man rund 2 Minuten, bis sie völlig klar ist. Dann läßt man erkalten, über Nacht ruhig stehen, und filtriert am nächsten Tag in kleine Gefäße von rd. 50 cm^3 Inhalt. Die Fläschchen bleiben bis zum Halse eingetaucht, zwei Stunden im kochenden Wasserbad. Man verschließt dann mit Korkstopfen, die inzwischen durch die Flamme gezogen wurden. Auf diese Art entsteht eine reine, klare, völlig sterile und in der verschlossenen Flasche sehr lange Zeit haltbare Stärkelösung. Oeffnet man, so wird sie nach etwa 2 Wochen unbrauchbar; es ist daher vorteilhaft, in so kleine Fläschchen als möglich einzufüllen, um die Lösung bald aufzubrauchen. Am bequemsten ist jedoch die Benützung der im Wasser klar löslichen Zulkowskyschen Stärke. Man stellt sich deren Lösung jederzeit durch Auflösen einer kleinen Menge in lauem Wasser frisch her.

Bestimmung des Zuckergehaltes durch Titration.

I. Blindversuch.

15 cm^3 Fehlingsche Lösung I,
15 cm^3 Fehlingsche Lösung II und
45 cm^3 destilliertes Wasser

werden in einem Erlenmayer-Kolben von 300 cm^3 Inhalt zusammengemischt. Man erhitzt zum Sieden und läßt eine ½ Stunde im kochenden Wasserbad stehen. Nach raschem Abkühlen wird eine in einem kleinen Becherglas vorbereitete Mischung von 10 cm^3 Jodkalilösung und 15 cm^3 Schwefelsäure zugesetzt und das Ganze mit Thiosulfat bis auf schwachgelb, nach Stärkezusatz bis zum Verschwinden des violetten Farbtones titriert. (Eine nachträglich auftretende Blaufärbung bleibt unberücksichtigt).

II. Titration der Zuckerlösung.

Von der entgerbten Zuckerlösung wird eine solche Menge zur Reduktion der Fehlingschen Lösung verwendet, daß sie 10 bis 12 cm^3 Thiosulfatlösung entspricht. In ein Becherglas pipettiert man 15 cm^3 Fehlingsche Lösung I, 15 cm^3 Fehlingsche Lösung II und

35 cm³ destilliertes Wasser, erhitzt zum Sieden und fügt 50 cm³ der Zuckerlösung hinzu (entsprechend 41,3 cm³ der ursprünglichen Gerbstofflösung). Man läßt ½ Stunde im kochenden Wasserbad stehen, kühlt rasch ab und spült ohne das ausgefällte Kupferoxydul (Cu_2O) abzufiltrieren, mit etwas Wasser in den Erlenmayerkolben, in welchem sich 10 cm³ Kaliumjodidlösung und 15 cm³ verdünnte Schwefelsäure befinden. Man titriert hierauf in gleicher Art wie beim Blindversuch. Die verbrauchten cm³ Thiosulfat werden von jenen des Blindversuches abgezogen und so die Menge an Thiosulfat erhalten, welche dem ausgefällten Kupfer äquivalent ist.

Beispiel:

Beim Blindversuch wurden verbraucht
                                  37,80 cm³ $Na_2S_2O_3$
Bei der Titration der Lösung nach
  Reduktion durch die zu untersuchende Zuckerlösung . . . . 26,76 cm³ $Na_2S_2O_3$

                                  11,04 cm³ $Na_2S_2O_3$

1 cm³ $Na_2S_2O_3$ . . . . 0,00666 g Cu
11,04 cm³ $Na_2S_2O_3$ . . . . 0,0735 g Cu

Aus der obigen Tabelle berechnet man die Menge an Glukose, welche 0,0736 g Cu entspricht. Sehr vorteilhaft ist es, zu Kontrollzwecken beide Methoden,

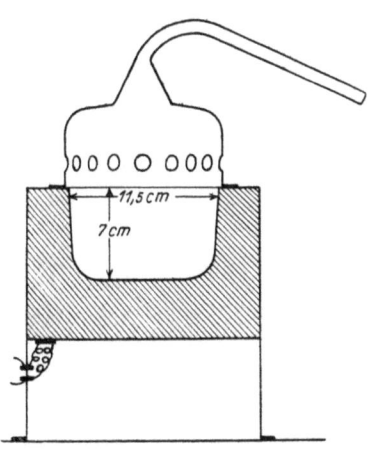

Abb. 18. Elektrischer Glühofen zur Veraschung der Extrakte.

die gravimetrische mit der titrimetrischen zu verbinden: Nach Aufkochen und Reduktion zu Kupferoxydul, filtriert man dieses ab und bestimmt die Menge Kupfer gravimetrisch. Zum Filtrat setzt man 10 cm³ Kaliumjodidlösung, dann tropfenweise verdünnte Schwefelsäure bis zur schwach sauren Reaktion (Gelbwerden der Lösung). Nun wird mit $\frac{n}{10}$ Thiosulfatlösung titriert. Die verbrauchten cm³ werden vom gleichzeitig durchgeführten Blindversuchswert abgezogen und der Rest auf Kupfer und weiters auf Glukose umgerechnet. Beide Ergebnisse müssen übereinstimmen.

Aus den Tabellen, welche die dem reduzierten Kupfer entsprechende Menge an Glukose angeben, ist es notwendig, jeweils diejenige Menge zu entnehmen, welche den gravimetrisch oder titrimetrisch gefundenen mg Kupfer entspricht. Erst dann ist es möglich, die berechnete Menge an Glukose auf die Gesamtzuckermenge der Lösung und weiters auf Prozente umzurechnen. Eine andere Berechnungsart führt leicht zu Fehlern.

C. Bestimmung der Gesamtzuckermenge (nach Inversion).

Diese Bestimmung wird in natürlichen Gerbmaterialien verhältnismäßig selten durchgeführt. Man geht folgendermaßen vor: Die Gerbstoffe werden aus der zu untersuchenden Lösung mit Hilfe von basischem Bleiacetat und das überschüssige Blei mit Natriumsulfat, wie bei der Bestimmung des direkt reduzierenden Zuckers entfernt. Eine bestimmte Menge (50 cm³) der durch Filtration vom ausgefällten Bleisulfat befreiten Lösung wird abpipettiert, mit 10 cm³ verdünnter Schwefelsäure 1 : 5 versetzt und 30 Minuten im kochenden Wasserbad erhitzt. Nach dem Abkühlen neutralisiert man die überschüssige Säure mit verdünnter Natronlauge und füllt mit destilliertem Wasser auf 100 cm³ auf. In 50 cm³ dieser Lösung (entsprechend 25 cm³ der entgerbten Lösung) wird dann der Gesamtzucker entweder gravimetrisch oder titrimetrisch ermittelt.

Aschengehalt der Gerbmaterialien.

Die Bedeutung der Aschenbestimmung zur Beurteilung der Qualität und Verwendungsmöglichkeit der Gerbstoffe in der Lederindustrie ist sehr verschieden, je nach dem es sich um:

Abb. 19. Der elektrische Glühofen.

a) Natürliche Gerbmaterialien (Rinden, Hölzer, usw.),
b) Gerbstoffextrakte (hauptsächlich handelsübliche),
c) Gerbbrühen aus den Gerbereibetrieben (hauptsächlich sogenannte Farben)
handelt.

a) Die Asche natürlicher Gerbmaterialien

wird nur in Ausnahmsfällen bestimmt, besonders dann, wenn es sich um feingemahlenes Material (staubförmig) handelt, da dieses zwecks Erzielung eines größeren Gewichtes mit billigen gepulverten Mineralien verfälscht sein kann. Dieser meist unschädliche Zusatz kann jedoch dann von Nachteil sein, wenn er Eisen enthält. Nachdem die zu einer solchen Verfälschung benützten Stoffe zum Großteil unlösliche und nicht schmelzbare Mineralien sind, wird man sie ohne besondere Vorsicht durch Veraschen von 5—10 g Substanz im Porzellantiegel über direkter Flamme bestimmen können. Die Asche ist jedesmal qualitativ auf Eisen zu prüfen. Natürliche reine Gerbmaterialien haben maximal 3% Asche. Ausnahmen bilden einige unter besonderen Bedingungen, beispielsweise in Salzwasser (Mangrove) oder in Sümpfen (Badan) wachsende Gerbstoffpflanzen.

b) Die Asche von Gerbstoffextrakten

soll bei jeder Analyse, sofern ein hoher Nichtgerbstoffgehalt festgestellt wurde, bestimmt werden. Die Aschenbildner der Extrakte sind entweder die in den verarbeiteten Pflanzen enthaltenen Salze (natürlicher Aschengehalt, siehe die weiter unten angeführte Tabelle), oder Salze, mit welchen die Auszüge behandelt und geklärt wurden (beispielsweise beim Sulfitieren), oder schließlich Salze, mit welchen die Extrakte verfälscht (beschwert) wurden.

Neben der Bedeutung für den Handel hat die Feststellung der Aschenbildner auch bisweilen eine technische Bedeutung: Enthalten die Extrakte viel anorganische Salze, so können diese durch Erhöhung des Salzgehaltes der Gerbbrühen im Fabrikationsgang des

Leders Störungen hervorrufen, worüber weiter unten (unter c) noch berichtet werden soll.

Zur Aschenbestimmung werden 2—3 g des festen oder 3—6 g des flüssigen Extraktes in einem vorher ausgeglühten und gewogenen Porzellantiegel eingewogen. Von festen und flüssigen Sulfitzelluloseextrakten werden nur 1—1,5 g verwendet, da sich diese Extrakte sehr schlecht veraschen. Teigige und schmierige Extrakte werden ehebaldigst am Wasserbad zur Trockene eingedampft. Verbrennen und Glühen führt man am besten in einem breit gebauten elektrischen Glühofen (Abb. 17 und 18) durch, der nur auf mäßige Rotglut angeheizt werden kann (Temperatur um 400° C). Den Tiegel mit den festen oder vorher getrockneten teigigen Extrakt setzt man auf ein Dreieck rd. 15 cm hoch über den Ofen und stellt ihn später allmählich tiefer. Dadurch wird ein schnelles und vollständiges Verbrennen bei niedriger Temperatur erreicht. Schließlich bringt man den Tiegel in den Glühraum und bedeckt mit einer Tonglocke. Bei einigen Extrakten, welche größere Menge an löslichen anorganischen Salzen (besonders alkalischer Natur) enthalten, läßt sich ein völliges Verbrennen nicht so leicht erreichen, da die organischen Teilchen von einer geschmolzenen Schichte alkalischer Salze umhüllt werden. In derartigen Fällen geht man dann folgendermaßen vor: man läßt erkalten und laugt den Tiegelinhalt mit wenig destilliertem Wasser aus. Die erhaltene Lösung wird durch ein kleines Filter filtriert und sowohl Rückstand, wie auch Tiegel mit einigen Wassertropfen ausgewaschen. Man bringt das Filterchen samt Rückstand (Kohle) in den Tiegel zurück, worin alles leicht verbrennt. Nach vollständiger Veraschung wird die abfiltrierte Lösung der alkalischen Salze hinzugegossen, am Wasserbad eingedampft und geglüht.

Andere Arbeitsweisen zur Beschleunigung oder Erleichterung des Veraschungsprozesses sind unzulässig (z. B. Zugabe von Salpeter u. a.). Steht kein elektrischer Glühofen zur Verfügung, verascht man in derselben Art über der nichtleuchtenden Gasflamme. Beim Ausglühen der Asche darf man eine gelinde Rotglut nicht überschreiten, andernfalls entstehen Verluste infolge der Flüchtigkeit der Alkalisalze.

Durchschnittlicher Aschengehalt von Gerbstoffextrakten:

Quebracho, naturell, fest	0,5— 1,8 %
„ sulfitiert, flüssig	1,5— 4,5 „
„ „ , fest	2,5—10,0 „
Eichenholz, fest	3,0— 4,0 „
, flüssig	0,3— 2,5 „
Eichenrinde, flüssig	1,0— 2,0 „
„ fest	3,0— 4,0 „
Kastanien, fest	0,7— 2,0 „
„ flüssig	0,2— 1,2 „
Fichte, flüssig	1,0— 2,5 „
„ fest	2,0— 4,0 „
Mimosa, flüssig	1,0— 1,5 „
Mallet, flüssig	1,5— 2,0 „
Sulfitzellulose, flüssig	7,0—10,0 „
„ „ fest	10,0—18,0 „

Die qualitative Aschenanalyse wird bei Extrakten durchgeführt, welche einen ungewöhnlich hohen Aschengehalt haben. Man prüft dann auf Kupfer, Eisen, Aluminium, Calzium, Magnesium und Alkalien. Von Anionen werden Chlorid, Sulfat und Phosphat bestimmt. Ein höherer Chloridgehalt tritt besonders bei Extrakten der am Meeresufer wachsenden Bäume und Sträucher auf (Mangrove). Aus der oben angeführten Uebersicht der in den einzelnen Extrakten enthaltenen Aschenmengen geht hervor, daß die chemisch hergestellten (sulfitierten) Auszüge und jene aus Sulfitzellulose einen auffallend hohen Prozentsatz an Asche enthalten.

c) **Die Asche der in den Gerbereibetrieben anfallenden Gerbbrühen.**

Die Aschenbildner der Gerbbrühen bestehen gewöhnlich nur in wenigen Prozenten aus Salzen, die in den Gerbmaterialien und Extrakten enthalten waren. Die Hauptquelle ist die Blöße selbst, besonders der bei ungenügender Entkalkung darin verbliebene Kalk, welcher die Säuren der Gerblösungen neutralisiert. Die so entstandenen Salze häufen sich bei manchen Fabrikationsmethoden in den Brühen oft durch lange Zeit an und erreichen bisweilen eine hohe Konzentration. Da diese Neutralsalze die Quellung der Blößen durch Säuren verhindern, kann die Vernachlässigung ihrer

Anhäufung zu schweren Störungen in der Erzeugung, hauptsächlich bei Bodenlederfarben, Anlaß geben.

Aus diesem Grunde ist die Aschenbestimmung **eine der wichtigsten** Untersuchungen bei der Analyse gebrauchter Gerbbrühen.

Für diese Bestimmung werden 50—100 cm^3 Brühe am Wasserbad im Porzellantiegel eingedampft und dann wie bei der Veraschung der Extrakte (siehe oben unter b), weiter behandelt.

Zwecks Orientierung sei angeführt, daß die Asche von gesunden Schwellfarben unserer Gerbereien gewöhnlich unter 0,5% beträgt. Brühen, welche um 1% oder auch mehr Asche enthalten, sind für den Farbgang bedenklich.

Die Farbe der Gerbstofflösungen und ihre Messung.

Jedes Gerbmittel zeichnet sich durch eine bestimmte, charakteristische Farbe aus, welche sich seinen Extrakten mitteilt und teilweise auch auf das Leder übergeht.

Daher war es in früheren Zeiten, als noch in der Gerberei eine verhältnismäßig kleine Anzahl verschiedener Gerbstoffarten Verwendung fand, möglich, nach dem Farbton des Leders auf die Art des Gerbmittels, gelegentlich auf die Gegend oder das Land, aus welchem dieses bezogen wurde, Schlüsse zu ziehen. Im Hinblick auf die hervorragende Qualität bestimmter Ledersorten einiger Länder, bevorzugte der Konsum gewisse Farbennuancen des Leders. Noch vor nicht allzu langer Zeit waren beispielsweise grüngelb nuancierte (Knoppern) Sohlleder für einige Bedarfszwecke höher bewertet, als Schuhsohlen von brauner, beziehungsweise von rötlicher Farbe (Fichte, Quebracho).

Heute hat diese Unterscheidung eigentlich nur einen sehr problematischen Wert, denn nach den modernen Erzeugungsmethoden verwendet man zur Gerbung jederzeit Mischungen der verschiedensten Gerbmittel und vornehmlich solche, welche als Gegenstand des Welthandels für kein Land charakteristisch sind. Außerdem wird heute bei der Bearbeitung des Leders die Grundfarbe des verwendeten Farbstoffes oft verdeckt, resp. durch das Bleichen, Nachgerben, Nachfärben, usw., derart verändert, daß die Farbe des Leders keine Stütze zur Beurteilung seiner Güte sein kann.

Die Lederverbraucher ziehen besonders in konservativen Ländern allgemein helle, gelbgetönte und gelbbraune Ledersorten den dunkelbraunen, resp. rötlichen vor.

Deshalb verlangt der Gerber auch bisweilen bestimmt gefärbtes Gerbmittel, sodaß zu deren Beurteilung die Messung des Farbtones notwendig wird. Besonders im konservativen England geschieht dies überaus oft. Die Methode der Farbmessung bei Gerbstoffen ist auch englischen Ursprungs.

Es ist selbstverständlich, daß diese Messung hauptsächlich bei Gerbstoffextrakten durchgeführt wird. Natürliche Gerbmittel wird man notwendigerweise nur dann messen, wenn es sich um die Einführung einer neuen, bisher noch unbekannten Gattung handelt.

Die Messung der Farbe von Gerbstoffextrakten ist in zweierlei Fällen wichtig:

1. **Bei der technischen Kontrolle der Erzeugung von Gerbextrakten** zwecks Ueberwachung deren Klärung und Entfärbung.

2. **Als Definition** für eine bestimmte handelsübliche Eigenschaft der Extrakte (besonders in einigen westlichen Ländern).

Es wurde eine bedeutende Anzahl von Kolorimetern in Vorschlag gebracht, welche einen optischen Vergleich der Extraktlösung mit einer bestimmten Stammlösung ermöglichen. Diese Instrumente bestimmen aber nicht genau den Farbton, der bei der Schlußbriefverfassung zwischen Käufer und Verkäufer definiert werden muß.

Im Jahre 1866 konstruierte der englische Gelehrte Lovibond ein Instrument, das nach ihm „Lovibond'sches Tintometer" genannt wurde. Dieser Apparat leistet bei Analysen in der Textilfärberei und -Druckerei, in der Papierindustrie, der Metallurgie, Müllerei, Bierbrauerei, Zuckerindustrie usw. gute Dienste.

Die tintometrische Untersuchung der Gerbextrakte nach Lovibond ist in England für die offiziellen Handelsanalysen von Kastanien- und Eichenextrakten eingeführt. Das Lovibond'sche Tintometer ist ein überaus einfaches, man kann sagen primitives Instrument. Für die Einfachheit der Messung hat aber der Umstand großen Wert, daß der Vergleich des Farbtones auf Grundlage einer Skala von gelben, roten und blauen Gläschen durchgeführt wird, auf welchen jede Farbenintensität durch eine Zahl bezeichnet ist. Diese Gläserserie ist ungewöhnlich genau und weitgehend abgestuft.[8])

Das Gerät besteht: aus einer auf einem hölzernen beweglichen Stativ befestigten Dunkelkammer, die man in allen Richtungen einstellen kann (siehe Abb. 19). Die Dunkelkammer hat die Form eines Rechtek-

---

[8]) Aus diesem Grunde auch ziemlich teuer.

kes, und zwar eines mäßig zusammenlaufenden Trapezes. Auf der breiteren Seite befindet sich ein aus einer kreisrunden Oeffnung von etwa 5 mm Durch-

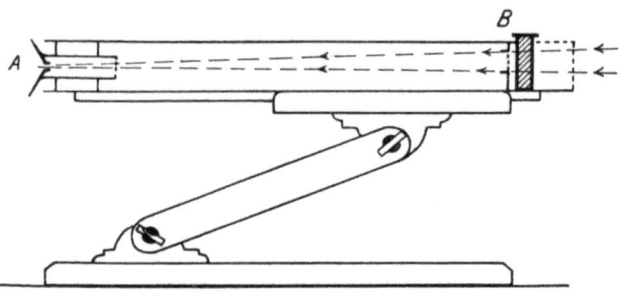

Abb. 20. Lovibond'sches Tintometer.

messer gebildetes Okular (A). Auf der engeren Seite (B) sind zwei rechteckige, außen durch eine Querwand getrennte Oeffnungen. An das eine der so gebildeten Fenster wird die Küvette mit der zu untersuchenden Gerbstofflösung, an das andere ein Stativ für die farbigen Vergleichsgläser gestellt. Die Küvette ist ein rechtwinkeliges, von zusammengekitteten Glasflächen gebildetes Gefäß. Ihr Durchsichtsraum (d. i. die Entfernung der planparellelen Glastäfelchen, durch welche das Licht hindurchtritt), beträgt genau 10 mm, so daß man beim Füllen mit der zu untersuchenden Lösung eine Schichte von 10 mm Stärke erhält.

Wie bereits oben erwähnt, werden die farbigen Vergleichsgläser so lange eingelegt, bis der gleiche Farbton erzielt wird, wie ihn die Lösung besitzt. Die Vergleichsgläser sind in drei Farben: blau, gelb und rot ausgeführt. Jedes Glas gibt die Farbenintensität in Einheiten und Bruchteilen (Zehnteln) an. Jede Serie umfaßt für jede Farbe 150—160 verschieden intensiv gefärbte und bezeichnete Gläser. Die zusammengelegte Anzahl von Gläsern bestimmter Intensitäten muß dem Instrument den gleichen Farbton verleihen, wie ein Glas, dessen Zahl der Zahlensumme jener Gläser gleich ist. Z. B.: werden vor das eine Fenster des Instrumentes blaue Gläser mit den Zahlen $2{,}5 + 1{,}5 + 3$ und vor das andere ein blaues Glas Nr. 7 ($2{,}5 + 1{,}5 + 3 = 7$), gesetzt, so zeigen beide Oeffnungen den gleichen Farbton. Untereinander sind diese drei Farbenskalen derart eingestellt, daß eine Kombination von drei gleich bezifferten Gläsern aller drei Skalen in der Durchsicht eine neutrale Farbe, nämlich grau oder schwarz ergibt. Es werden also die Spektralfarben völlig absorbiert. Man kann daher durch geeignete Kombination dieser drei Grundfarben leicht Farbe und Intensität der zu untersuchenden Gerbstofflösung festlegen.

Die Genauigkeit der Beobachtung hängt von der Reinheit des Musters, von der Erfahrung, Uebung und Farbensinn des Beobachters ab.

Das Gerät soll, so gut es geht, derart aufgestellt sein, daß es direkt reflektiertes Tageslicht empfängt und stets gegen Norden gerichtet ist. Es empfiehlt sich, die erhaltenen Ergebnisse im Anschluß immer von mehreren Beobachtern kontrollieren zu lassen. Auch das Auflegen eines gefärbten Glases auf das Okular (bei Gerbstofflösungen ein solches von blauer Farbe), bietet eine leichte Kontrolle: die Farbenänderung muß in beiden Fenstern die gleiche sein.

Bei Gerbstoffen wird die Farbmessung in einer Lösung vorgenommen, welche 5 g Gerbstoff pro Liter enthält. Die Schichtendicke der Lösung muß genau 1 cm betragen. Früher wurden in England ½ Zoll breite Küvetten verwendet. Durch Multiplikation mit 0,79 werden die hiebei erhaltenen Ergebnisse leicht auf die 1 cm-Schichte umgerechnet.

Von Extrakten wird die für 100 cm^3 einer 0,5%igen Gerbstofflösung benötigte und auf Grund der vorher durchgeführten quantitativen Analyse berechnete Menge eingewogen. Diese Lösung läßt man am Wasserbade im Verlauf einer Stunde von 100° auf 17,5° C abkühlen und filtriert sorgfältig. Mit diesem Filtrat, das optisch rein sein muß, wird die Kyvette gefüllt und vor die linke Oeffnung des Instrumentes gestellt. Vor die rechte Oeffnung kommt das Stativ für die Vergleichsgläser.

Zur Herstellung der imitierten Vergleichsfarbe werden gelbe, rote und blaue Gläser in das Stativ eingelegt, bis das Beobachtungsfeld die genau gleiche Farbennuance wie die Gerbstofflösung zeigt. Es ist notwendig, stets soferne es möglich ist, mit der geringsten Anzahl von Gläsern der gleichen Farbe auszukommen. Die Kombination von gleichen Werten der drei Farbengattungen ergibt einen grauen (oder schwarzen) Farbton. Bei Gerbstofflösungen ist der für blau gefundene Farbenwert immer am kleinsten. Da die blaue Farbe gleiche Anteile der beiden anderen (gelb und rot) vereinigt, wird von diesen die für die blaue Farbe ermittelte Zahl abgezogen. Im Resultat wird dann die blaue Farbe mit den zugehörigen subtrahierten Anteilen an rot und gelb, als schwarz ausgedrückt. Beispiel: Die direkte Ablesung der Farbenwerte ergibt für

Rot 3,5   Gelb 15   Blau 0,5,
die endgültigen Zahlen sind
Rot 3,0   Gelb 14,5   Schwarz .... 0,5.

Ist die Anzahl der farbigen Gläser größer als zwei, so setzt man zur Kyvette mit der Lösung farblose Ergänzungsgläser hinzu, um die durch Reflexion bedingten Lichtverluste zu kompensieren. Die Kyvette betrachtet man als zwei Gläser und fügt soviel Zusatzgläser hinzu, daß deren Anzahl auf beiden Seiten gleich groß ist. Zu diesem Behufe enthält eine Kollektion gefärbter Gläser eine bestimmte Menge von farblosen Zusatzgläsern.

Nach dieser Methode wird nur die Farbe der Gerbstofflösungen gemessen und es läßt sich daher direkt nicht beurteilen, welche Farbe das mit den geprüften Lösungen gegerbte Leder haben wird. Die Farbe des Leders müßte durch einen Gerbversuch ermittelt werden. Indessen schätzt man im allgemeinen die Gerbstoffe umso höher, je weniger intensiv ihre Lösung gefärbt ist und bei gleichlautenden Resultaten je kleiner der für rot gefundene Farbenwert ist.

Die Methode fußt auf keiner wissenschaftlichen Grundlage, denn die Wahl der Grundfarben ist eine rein empirische.

Ein großer Vorteil dieser Farbenmessung ist jedoch ihre Einfachheit und die Möglichkeit, die Farbe der Gerbstofflösungen mit bestimmten unveränderlichen Zahlen festzulegen.

Für die Kontrolle des Fabrikationsganges verbürgt die Methode eine mehr als genügende Genauigkeit. Die Differenzen, welche vielleicht hie und da zwischen zwei Resultaten auftreten, sind nicht groß und als ihre Ursache sind meistens die betreffende Tageszeit und die atmosphärischen Verhältnisse im Augenblicke der Messung zu erkennen.

Die Säuren der Gerblösungen und ihre Bestimmung.

Jeder Gerbstoffextrakt reagiert sauer. Diese Eigenschaft rührt von einer kleinen Menge organischer Säuren her, die entweder schon im natürlichen Material enthalten waren oder im Verlaufe des Auslaugeprozesses aus den Salzen (Hydrolyse) und anderen Verbindungen entstanden sind. Diese schwache Acidität ist für die Verwendung der Gerbstoffauszüge von großer Bedeutung, denn die Gerbstoffe wirken nur in saurem Medium auf die Blöße ein. Da dieser natürliche Säuregrad bei der Extraktion der Gerbstoffe stets von selbst entsteht, ist er in frischen Extrakten selten Gegenstand einer analytischen Bestimmung.

Weitaus öfter wird man den Säuregrad alter Gerbstofflösungen kontrollieren, welche schon in der Gerberei benützt wurden und deren Acidität durch die bei der Zuckergärung in den Gerbbrühen entstandenen Säuren vergrößert wurde (siehe auch das Kapitel über Zucker). Farben, ferner die beim Versenken und von den Sätzen anfallenden Lösungen enthalten oft merkliche Mengen (rund 1%) organischer Säuren (berechnet als Essigsäure). Diese Säuren bewirken einerseits die Neutralisation des vom Aeschern herrührenden Kalkes, anderseits das Quellen der Blöße vor und während der Anfärbung und sind daher wichtige Bestandteile der Brühen. Früher begnügten sich die Chemiker allgemein nur mit der quantitativen titrimetrischen Bestimmung der gesamten Säuremenge. Heute weiß man, daß eine der wichtigsten Arten der Säurewirkung keinesfalls nur von deren Menge (Konzentration), sondern vielmehr vom Dissoziationsgrad, bezw. von der Konzentration der in der Lösung befindlichen Wasserstoffionen abhängt.

Die titrimetrische Bestimmung der gesamten Säuremengen gibt beispielsweise an, welche Kalkmenge die betreffende Brühe in der Blöße neutralisieren kann, ohne daß ihre Acidität unter das zur Gerbung notwendige Maß sinke. Umgekehrt läßt sich jedoch daraus nicht beurteilen, wie stark die Blöße in der Lösung quellen wird. Darüber gibt erst die **Bestimmung der Wasserstoffionenkonzentration** Aufschluß.

Aus diesem Grunde muß die vollständige acidimetrische Untersuchung einer Gerbbrühe beide Bestimmungen umfassen:

a) Bestimmung der Menge an freien Säuren (titrimetrisch),

b) Bestimmung der Wasserstoffionenkonzentration.

Beide Bestimmungen stoßen in Gerbbrühen auf namhafte Schwierigkeiten und deshalb wurden zu ihrer Durchführung schon eine ganze Anzahl verschiedener Methoden vorgeschlagen.

In der Folge soll bloß eine bewährte **titrimetrische Bestimmungsmethode der Gesamtacidität** beschrieben werden.

Die Bestimmung der Wasserstoffionenkonzentration — welche übrigens für die Gerbstoffanalyse nicht spezifisch ist, da sie auch in einer ganzen Reihe anderer gerbereitechnischen Analysen durchgeführt wird — soll in einem eigenen Bändchen[9]) beschrieben werden.

Die titrimetrische Säuremessung ist bei intensiv gefärbten Brühen, welche den Farbenumschlag des Indikators verdecken, schwierig. Die verschiedenen Methoden unterscheiden sich hauptsächlich in der Art und Weise, wie sie den störenden Einfluß dieser natürlichen Färbung der Gerbstoffextrakte beseitigen.

Titrimetrische Bestimmung der Gesamtacidität von Gerbbrühen nach der Methode Kubelka-Wagner.[10])

A. Reagentien.

Karboraffin (hergestellt vom „Verein für chemische und metallurgische Produktion" in Aussig a. Elbe). Die zur Adsorption benötigte Menge von 2 g wird auf der Tarawaage eingewogen.

Kaliumchlorat: Eine 5%ige Lösung von Kaliumchlorat ($KClO_3$) wird durch Auflösen von 50 g in 1 Liter destillierten Wassers hergestellt. Das

---

[9]) der Sammlung: Jednotné zkušební předpisy Čs. zkušebního svazu při M. A. P. (Einheitliche Untersuchungsvorschriften der Masaryk Akademie der Arbeit).

Wasser wird vor Benützung zwecks Vertreibung der Kohlensäure längere Zeit ausgekocht. Während dem Abkühlen muß das Gefäß mit einem Natronkalkrohr verschlossen sein. Reagiert die Lösung schwach sauer, so neutralisiert man mit n/10 Lauge und Phenolphtalein als Indikator. Die n/10 Lauge muß möglichst frei von Kohlensäure sein, denn ein Auftreten von CO_2 beeinflußt beim Neutralisieren die Titration merklich.

Indikator: 0,1%ige Lösung von Phenolphthalein; zu jeder Titration verwendet man 0,5 cm^3.

B. Bestimmung der Acidität.

50 cm^3 einer 4^0 Bark. starken Brühe (maximal 0,5%ig. Gerbstofflösung) wird 5 Min. (vom Siedepunkt an gerechnet) unter Rückflußkühler mit 2 g Karboraffin in einem etwa 300 cm^3 fassenden Erlenmayerkolben zum Sieden erhitzt. Sobald die Lösung einigermaßen abgekühlt ist, spült man das Kühlrohr mit 50 cm^3 ausgekochtem und wieder erkaltetem Wasser nach. Man versetzt den Kolbeninhalt mit 40 cm^3 der 5%igen Kaliumchloratlösung, schüttelt gut durch und filtriert noch heiß durch ein Faltenfilter von Schleicher-Schüll Nr. 588 (Durchmesser 18,5 cm). Das Filter wird etwa 6 mal mit ausgekochtem, heißem, 0,5% $KClO_3$ enthaltendem Wasser ausgewaschen. Das so erhaltene Filtrat von ca. 500 cm^3 wird mit n/10 KOH unter Verwendung von Phenolphthalein als Indikator bis zur Rosa-Färbung titriert. Die verbrauchten cm^3 n/10 Lauge rechnet man auf Essigsäure in Prozenten der ursprünglichen Lösung um.

---

[10]) Kubelka-Wagner, Collegium 1924, Nr. 646, S. 41 ff.

VII. Kapitel.
Umrechnung der Analysen und Ergebnisse.
Analyse und Berechnung der ausgelaugten Gerbmittel.
Beispiel zur Berechnung der Extraktionsausbeute.
Beurteilung eines beschädigten Gerbmittels.

Umrechnung der Ergebnisse auf normalen Wassergehalt.

Bei natürlichen Gerbmitteln (frischen und ausgelaugten) ist es üblich, die Analysenresultate auf normalen Wassergehalt (gewöhnlich 14,5%) umzurechnen, um sie untereinander leichter vergleichen zu können.

Diese Umrechnung beruht auf folgender Proportion:

$$\frac{\text{Trockensubstanz bei 14,5 \% Wasser}}{\text{Trockensubstanz bei gef. Wassergehalt}} = \frac{a_x = \text{Wert bei 14,5 \% Wasser}}{a = \text{gefundener Wert}}$$

Da der Wert **a** (welcher Gerbstoffe, Nichtgerbstoffe, Unlösliches, Zucker etc. bedeuten kann), auf einen Wassergehalt von 14,5% umgerechnet werden soll, gilt die Gleichung:

$$a/\text{bei 14,5 \% Wasser}/ = a/\text{bei gef. Wassergehalt}) \times \frac{85,5}{\text{gef. Trockensubstanz}}$$

Bei der Analyse eines ausgelaugten Gerbmittels wurden beispielsweise folgende Resultate erhalten:

Gerbstoffe 1,6%
Nichtgerbstoffe 0,8%
Unlösliches 20,8%
Wasser 76,8%

Zwecks Umrechnung auf einen Feuchtigkeitsgehalt von 14,5% muß jedes dieser Resultate mit folgendem Faktor multipliziert werden:

$$\frac{\text{Trockensubstanz bei } 14,5\% \text{ Wasser}}{\text{Trockensubstanz bei gef. Wassergehalt}} = \frac{85,5}{23,2}$$

Man erhält dann die auf 14,5% Wassergehalt umgerechneten Mengenverhältnisse dieses Gerbmittels:

Gerbstoffe 5,9%
Nichtgerbstoffe 2,9%
Unlösliches 76,7%
Wasser 14,5%

Analyse gebrauchter Gerbbrühen und ausgelaugter Gerbmittel.

Die Untersuchung gebrauchter Brühen und ausgelaugter Gerbmittel wird nach den gleichen Methoden durchgeführt, wie sie bei den Vorschriften für frische Gerbmaterialien angegeben wurden. Die zur Analyse verwendete Menge soll stets so groß sein, daß die analytische Lösung 3,75—4,25 g Gerbstoffe im Liter enthält. Keinesfalls darf die Gesamtmenge an löslichen Stoffen 10 g je Liter überschreiten. Bei ausgelaugten Gerbmitteln werden die Analysenergebnisse auf einen Wassergehalt von 14,5% umgerechnet, wobei jedoch der wirkliche Wassergehalt stets angeführt werden soll.

Das spezifische Gewicht muß bei gebrauchten Brühen stets ermittelt werden.

Da die Umrechnung derartiger Analysen ziemlich kompliziert zu sein pflegt, soll in der Folge ein Beispiel für die Analysenumrechnung eines ausgelaugten Gerbmittels (I) und die Berechnung der Extraktausbeute an Gerbstoff auf Grund der Analyse (II) detailliert angeführt werden.

I. Analyse eines ausgelaugten Gerbmittels.

(Vortrocknung, Berechnung der Gerbstoffprozente im ausgelaugten Gerbmittel.)

Der Chemiker übernimmt das ausgelaugte Gerbmittel regelmäßig in ziemlich feuchtem Zustande. Da es sich so nicht vermahlen läßt, muß man vortrocknen. Zu diesem Zwecke werden in eine genügend große Porzellanschale 200—300 g eingewogen und bei mäßiger Temperatur (im Sommer am besten an der Luft, im Winter hoch über einem Trockenschrank) so lange stehen gelassen, bis das Material genügend trocken ist und sich mahlen läßt. Durch neuerliche Wägung ermittelt man die Gewichtsabnahme (d. i. Wasser) und bringt dann in die Mühle. 3—4 g der gemahlenen Substanz werden hierauf in eine Abdampfschale eingewogen und bis zur Gewichtskonstanz getrocknet, wodurch der Gesamtwassergehalt als Summe beider Gewichtsabnahmen festgestellt wird. Außerdem wird in das Extraktionsgefäß von Koch die benötigte Menge an vorgetrocknetem Material zur Gerbstoffbestimmung eingewogen.

Von ausgelaugter Fichtenrinde muß man etwa 30—50 g, von den übrigen ausgelaugten Gerbmitteln ca. 25—35 g zur Extraktion abwiegen.

Die Extraktion, Bestimmung der Gerbstoffe und Nichtgerbstoffe wird in genau gleicher Art wie bei frischen Gerbmitteln durchgeführt.

Zur Berechnung werden zunächst alle Resultate in Gewichtsprozenten, bezogen auf das ursprüngliche feuchte Muster angegeben und dann auf den normalen Wassergehalt von 14,5% umgerechnet. Da diese Umrechnung den Anfängern häufig Schwierigkeiten verursacht, soll als Hilfsmittel folgendes Beispiel im Detail angeführt werden:

1. Man wägt eine bestimmte Menge des feuchten ausgelaugten Gerbmittels ab:

    Schale . . . . 247,7 g
    Schale und Gerbmittel . . . 547,7 „
    Gerbmittel . . . . 300,0 g

Nach der Vortrocknung:

    Schale und Gerbmittel . . . 320,8 g
    Schale . . . . 247,7 „
    vorgetrocknetes Gerbmittel . 73,1 g

2. Wasserbestimmung:

Das vorgetrocknete Gerbmittel wird gemahlen, ein Teil in ein Wägeglas eingewogen, bis zur Gewichtskonstanz bei 100° C getrocknet und die Gesamtabnahme, welche durch Vortrocknung des Gerbstoffes, und weiteres Trocknen bis zur Gewichtskonstanz erhalten wurde, auf Prozente des ursprünglichen Gerbmittels umgerechnet:

Wägeglas . . . . 66,6530 g
Wägeglas und vorgetrocknetes Gerb-
mittel . . . . 68,9930 „
vorgetrocknetes Gerbmittel . . . . 2,3400 g
Nach der Trocknung bis zur Gewichtskonstanz:
Wägeglas und Gerbmittel . . . . . 68,8881 g
Wägeglas . . . . 66,6530 „
völlig getrocknetes Gerbmittel . . . 2,2351 g

Die abgewogene Menge des vorgetrockneten Gerbmittels wird auf die ursprüngliche Menge umgerechnet.
$$2{,}340 : X = 73{,}1 : 300$$
$$X = 9{,}6033 \text{ g ursprüngliches Gerbmittel}$$
Diese Menge wog nach dem Austrocknen 2,2351 g, infolgedessen beträgt der Wassergehalt:
$$9{,}6033 - 2{,}2351 = 7{,}3682 \text{ g}$$
ausgedrückt in Prozenten:
$$7{,}3682 : 9{,}6033 = X : 100$$
$$X = 76{,}8\%$$
Das ausgelaugte Gerbmittel enthält:
Wasser . . . . 76,7 %
Trockensubstanz . . . . 100 — 76,7 = 23,3 %

3. **Bestimmung der Gesamtmenge an löslichen Stoffen und Nichtgerbstoffen.**

Die zur Extraktion eingewogene Menge an vorgetrocknetem Gerbmittel beträgt 50 g, welche 205,2 g des ursprünglichen Gerbmittels nach folgender Gleichung entsprechen:
$$300 : 73{,}1 = X : 50$$
$$X = 205{,}2 \text{ g ursprüngl. Gerbmittel.}$$

Die löslichen Stoffe und Nichtgerbstoffe wurden nach der gleichen Art wie beim frischen Gerbmittel bestimmt:
Abdampfschale . . . . 53,1039 g
Abdampfschale und 50 cm³ filtrierte Lösung 53,3511 „
lösliche Stoffe in 50 cm³ Lösung . . . . 0,2472 g
In 50 cm³ sind 0,2472 g, in 1 Liter sind:
$$0{,}2472 \times 20 = 4{,}944 \text{ g}$$
lösliche Stoffe, ausgedrückt in %:
$$205{,}2 : 4{,}944 = 100 : X$$
$$X = 2{,}4\% \text{ lösliche Stoffe.}$$
Bestimmung der Nichtgerbstoffe:

Abdampfschale . . . . 63,5491 g
Abdampfschale und Nichtgerbstoffe
aus 50 cm³ . . . . 63,6320 „

Nichtgerbstoffe in 50 cm³ . . . . 0,0829 g
abzüglich Blindversuch . . . . . 0,0015 „

0,0814 g

In 1 Liter sind $0,0814 \text{ g} \times 20 = 1,628$ g Nichtgerbstoffe.
$205,2 : 1,628 = 100 : X$
$X = 0,79 = 0,8\%$ Nichtgerbstoffe.

Gerbstoffe = lösl. Stoffe — Nichtgerbst. = $2,4-0,8 = 1,6\%$.

Zusammenfassung:

Gerbstoffe 1,6%
Nichtgerbstoffe 0,8%
Unlösliche Stoffe 20,9%
Wasser 76,7%

100,0%

II. Berechnung der Gerbstoffausbeute bei der Extraktion eines Gerbmittels (Rendement der Extraktion).

Im Verlauf der Extraktion von natürlichen Gerbmitteln sinkt der Gehalt an Gerbstoffen wie Nichtgerbstoffen, welche als mit Wasser auslaugbare Substanzen in Lösung gehen. Als erschöpfende Extraktion gilt diejenige, bei welcher soferne es möglich ist, alle im Wasser löslichen Stoffe ausgelaugt werden. Bei den meisten Gerbmitteln kann man erfahrungsgemäß durch gründliche Extraktion $^9/_{10}$ des Gesamtgerbstoffgehaltes auslaugen; $^1/_{10}$ verbleibt im Rückstand. Gerbstoffe und Nichtgerbstoffe sind also Faktoren, die sich bei fortschreitender Extraktion ständig ändern und die in der ausgelaugten Rinde zurückbleibende Menge derselben hängt eben von Grad und Intensität der Extraktion ab.

Auch der Wassergehalt ändert sich gleichfalls während der Extraktion, denn das Wasser verursacht eine Quellung des Gerbmittels und scheidet aus diesem die mit Wasser auslaugbaren Stoffe ab. Mit fortschreitender Extraktion und gleichzeitiger Temperaturerhöhung nimmt der Wassergehalt im extrahierten Gerbmittel ständig zu, derart, daß nach Beendigung der Extraktion und Absaugen der ausgelaugten Rinde diese gewöhnlich 60—80% Wasser enthält.

Für die Bestimmung des Extraktionsrendementes kommt jedoch das Wasser nicht in Betracht, denn seine Menge läßt sich im ausgelaugten Gerbmittel nach Belieben verändern, ließe sich ev. durch Trocknen überhaupt beseitigen.

Als Grundlage zur Kalkulation kann nur jener Faktor in Betracht kommen, welcher bei der Extraktion keine Aenderung erfährt; das sind die unlöslichen Stoffe im Gerbmittel. Diese bleiben während der Extraktion unberührt und sind daher auch im ausgelaugten Gerbmittel in den gleichen Mengenverhältnissen enthalten wie im ursprünglichen. Nur ihr Prozentgehalt ändert sich mit dem jeweiligen Wassergehalt, mit der Menge der im Gerbmittel verbleibenden Gerbstoffe und Nichtgerbstoffe. Die Gewichtsmenge an unlöslichen Stoffen bleibt jedoch sowohl im frischen wie im ausgelaugten Gerbmittel unverändert.

Beispiel:

	Zusammensetzung des frischen Gerbmittels:	Zusammensetzung des ausgelaugten Gerbmittels:
Gerbstoffe	15,5 %	1,6 %
Nichtgerbstoffe	8,9 %	0,8 %
Unlösliche Stoffe	67,3 %	20,9 %
Wasser	8,3 %	76,7 %
	100,0 %	100,0 %

Wie zu ersehen ist, enthalten 100 kg des frischen Gerbmittels 67,3 kg unlösliche Stoffe; 100 kg des ausgelaugten Materiales jedoch nur 20,9 kg als Folge des hohen Wassergehaltes und des ermittelten Prozentsatzes an Gerb- und Nichtgerbstoffen. Da die Menge an unlöslichen Stoffen beim Auslaugen konstant bleibt, ist es notwendig, vor allem jene Menge an ausgelaugtem Gerbmaterial mit der oben angeführten Zusammensetzung zu berechnen, welche eben so viele kg unlösliche Stoffe enthält, wie 100 kg des frischen Gerbmittels.

100 kg des ausgelaugten Gerbmittels enthalten 20,9 kg unlösliche Stoffe

X kg des ausgelaugten Gerbmittels enthalten 67,3 kg unlösliche Stoffe

$$X = \frac{67{,}3 \times 100}{20{,}9} = 322{,}01 \text{ kg}$$

67,3 kg unlösliche Stoffe sind also in 322,01 kg ausgelaugtem Gerbmittel enthalten. Diese Menge

(322,01 kg) enthält aber 1,6% Gerbstoffe und 0,8% Nichtgerbstoffe, deren Gewicht folgendermaßen berechnet wird:

In 322,01 kg ausgelaugtem Gerbmittel sind:

Gerbstoffe . . . . $\frac{1,6 \times 322,01}{100}$ = 5,15 kg

Nichtgerbstoffe . . . . . $\frac{0,8 \times 322,01}{100}$ = 2,58 kg

Wasser . . . . $\frac{76,8 \times 322,01}{100}$ = 246,98 kg

Unlösliche Stoffe . . . . 67,30 kg

zusammen . . 322,01 kg

Für die Feststellung des Rendements der Extraktion sind hauptsächlich die Gerbstoffe, bis zu einem gewissen Grad auch die Nichtgerbstoffe maßgebend, denn sie bilden zusammen das Milieu, in welchem sich der Gerb-Prozeß abspielt.

Auf 67,3 kg der ursprünglichen unlöslichen Stoffe entfallen:

im frischen Gerbmittel   15,5   kg Gerbstoffe
im ausgelaugten   5,15   „   „

Unterschied . . 10,35 kg.

Der Unterschied beider Werte (10,35 kg) ergibt den Reingewinn an Gerbstoffen beim Auslaugen, denn die im ausgelaugten Material enthaltenen Gerbstoffe (5,15 kg) müssen als Extraktionsverlust betrachtet werden.

Die bei der Extraktion erhaltene Ausbeute an Gerbstoffen, in Prozenten der im frischen Gerbmittel enthaltenen Gerbstoffmenge ausgedrückt, oder das sogenannte **Rendement der Extraktion** erhält man nach der Gleichung:

$$15,5 : 10,35 = 100 : X$$
$$X = 66,8\%$$

In gleicher Weise kann man das Extraktionsrendement für die Nichtgerbstoffe berechnen:

Auf 67,3 kg unlösliche Stoffe kamen:

im frischen Gerbmittel   8,9   kg Nichtgerbstoffe
im ausgelaugten   2,58 kg Nichtgerbstoffe

Unterschied 6,32 kg Nichtgerbstoffe

ergibt den Ertrag an Nichtgerbstoffen bei der Extraktion. Der Grad der Auslaugung für Nichtgerbstoffe, ausgedrückt in Prozenten der Nichtgerbstoffmenge im frischen Gerbmittel beträgt:

$$8,9 : 6,32 = 100 : X$$
$$X = 71,0\%$$

Für die endgültige Beurteilung des Extraktionsgrades kommt einzig und allein das G e r b s t o f f r e n d e m e n t in Betracht.

Die ganze Berechnung läßt sich durch Einsetzen der entsprechenden Werte in folgende, sowohl für Gerbstoffe wie auch für Nichtgerbstoffe geltende Formel abgekürzt durchführen:

Extraktionsrendement (d. i. die aus dem Gesamtgerbstoffgehalt nutzbar gemachte Menge)

$$= 100 \left(1 - \frac{b \cdot c}{a \cdot d}\right) \% .$$

Oder: Die aus dem Gesamtgewicht des extrahierten Gerbmittels (Rinden, Hölzer etc.) nutzbar gemachte Menge:

$$y = a \times \left(1 - \frac{b \cdot c}{a \cdot d}\right) \% .$$

$a =$ Gehalt (%) an Gerbstoffen (Nichtgerbstoffen) im frischen Gerbmittel,

$b =$ Gehalt (%) an unlöslichen Stoffen im frischen Gerbmittel,

$c =$ Gehalt (%) an Gerbstoffen (Nichtgerbstoffen) im ausgelaugten Gerbmittel,

$d =$ Gehalt (%) an unlöslichen Stoffen im ausgelaugten Gerbmittel.

Beurteilung des Beschädigungsgrades eines Gerbmittels (z. B. Havarie) auf Grund der Analyse.

Der durch Beschädigung oder Entwertung von Gerbmaterialien verursachte Schaden läßt sich nicht in allen Fällen nach den vorher beschriebenen Verfahren einheitlich beurteilen. Leicht kann man ein derartiges Beispiel lösen, wenn neben dem beschädigten Gerbmittel oder Extrakt auch ein Muster des ursprünglichen Materials zur Verfügung steht. In einem solchen Fall kann durch Vergleich der beiden Analysen leicht festgestellt werden, wie weit das natürliche Gerbmittel oder der Extrakt beschädigt wurde. Vor allem beachtet man das Aussehen, ob das Produkt nicht schimmelig oder völlig verfault ist, ob es nicht in Gärung (hauptsächlich bei Extrakten) begriffen ist etc. Dann wird die quantitative Analyse durchgeführt, wobei der Gehalt an Wasser und Gerbstoffen wichtig ist. Werden die Analysendaten des schadhaften Gerbmittels oder Extraktes auf den Wassergehalt des ursprünglichen Musters umgerechnet, so ersieht man, inwieweit der Gerbstoffgehalt durch die Beschädigung gesunken und der Gehalt an unlöslichen Stoffen gestiegen ist. Für die Bestimmung des Gehaltes an unlöslichen Stoffen sind in solchen Fällen Konzentrationsversuche ausschlaggebend, wie sie im Anhang zu Kapitel III beschrieben wurden. Schließlich bestimmt man auch die Farbe nach der Lovibondschen Methode und beobachtet, ob der Gehalt an roten Anteilen durch die Havarie nicht erhöht wurde.

Steht kein Muster des ursprünglichen Materiales zur Verfügung, so vergleicht man das Analysenergebnis des beschädigten Gerbstoffmusters mit der Durchschnittsanalyse einiger unbeschädigter Gerbmittel derselben Gattung. Bei der Beurteilung soll man stets sehr vorsichtig vorgehen und nur jene Fehler hervorheben, welche offensichtlich durch Beschädigung entstanden sind.

VIII. Kapitel.
Zusammenstellung der Ergebnisse im Analysenprotokoll.
Auswertung der Analyse, Folgerungen. Unstimmigkeiten in den Analysen. Benützte Literatur.

Zusammenstellung der Ergebnisse im Analysenprotokoll.

Die Ergebnisse aller Untersuchungen werden im Protokoll nach folgendem Muster zusammengestellt:

Bezeichnung des Musters: Kastanienextrakt (Muster von 450 g), der Lieferant garantiert 70% Gerbstoffe.

I. Beschreibung des Musters: Fester Extrakt in Stücken, von braunschwarzer Farbe. Die Stücke sind hart, porös, etwa $1/3$ der Menge ist etwas weich (plastisch).

II. Physikalische Untersuchung: Dichte (Pyknometer), Durchschnittswert von 3 Stücken = 1,101.

III. Chemische Analyse:

Gerbstoffe	68,6%
Nichtgerbstoffe (Filtermethode)	11,4%
Unlösliches (mit Berkefeld-Kerze nach Kubelka-Bělavsky)	4,5%
Wasser	15,5%
zusammen	100,0%
Asche	1,4%
Reduzierender Zucker	2,8%
Gesamtzucker	3,9%
Säuren, titrimetrisch	0,6%

IV. Farbe der analytischen Lösung (Lovibond):

gelb	14,5
rot	13,2
schwarz	0,8

V. Sedimentations-Versuche:
Der Extrakt setzt ab bei einer Verdünnung von:
15 g auf 1 l (anal. Lösung)   3 Vol. % Trübung
(= 4,5% unlösl. Stoffe, auf ursprünglichen Extrakt berechnet)
75 g auf 1 l . . . . . . 7,5 Vol. % Trübung
150 g auf 1 l . . . . . . 12 Vol. % Trübung
225 g auf 1 l . . . . . . 17 Vol. % Trübung
300 g auf 1 l . . . . . . 11,5 Vol. % Trübung
450 g auf 1 l . . . . . . 6,5 Vol. % Trübung

Dieses Protokoll bezieht sich nur auf das oben beschriebene Muster von 450 g Gewicht. (Bemustert die Sendung der Chemiker selbst, wird kurz die Art und Weise beschrieben, welchen Ballen, Fässern, Waggons etc. das Muster entnommen wurde.)

Wie ist aufgrund der oben angeführten Analysendaten der vorliegende Extrakt zu beurteilen.

Es sollen hier nur die Eigenschaften in Betracht gezogen werden, welche sich aus der quantitativen Analyse folgern lassen.

Der Gerbstoffgehalt stimmt innerhalb der zulässigen Grenze für Analysenfehler mit dem garantierten Wert überein. (Siehe Tabelle im Kapitel V.)

Die übrigen Analysenergebnisse sind hinsichtlich der Charakterisierung der Extraktgattung im großen und ganzen normal, bis auf zwei Punkte, nämlich den Gehalt an unlöslichen Stoffen und die Farbe. Ein richtig geklärter Extrakt darf in der analytischen Lösung nicht mehr als rund 1% unlösliche Stoffe enthalten. Aus diesem Grund muß das vorliegende Extraktmuster als nicht genügend geklärt bezeichnet werden. Diese Beurteilung wird auch durch das Ergebnis der tintometrischen Messung bestätigt, denn 13 rote Punkte weisen auf einen ungenügend entkolorisierten Extrakt hin. Gut entfärbte Kastanienextrakte ergeben ca. 3—6 rote Punkte. Zusammenfassend kann der Schluß gezogen werden, daß der Extrakt beim Lösen in der Gerberei dunkle Brühen geben wird, welche reichlich Trübungen absondern.

Die Auswertung der Analysendaten zur eingehenderen Beurteilung der Qualität des Extraktes, ebenso wie die Richtigkeit der Kennzeichnung (d. h. ob es sich tatsächlich um einen Kastanienextrakt handelt) soll bei der qualitativen Analyse im II. Teil dieses Buches beschrieben werden.

Auswertung der Analyse.

Richtige Beurteilung verschiedener Analysenergebnisse.

Bei der Auswertung eines Protokolls über die quantitative Gerbmittelanalyse interessiert den Gerbstoffverbraucher gewöhnlich nur jene Zahl, welche den perzentuellen Gerbstoffgehalt angibt. Hiebei vergißt man sehr oft, daß diese Zahl nicht direkt bestimmt wurde, sondern aus der Differenz zweier anderer Resultate, welche überdies noch hinsichtlich der verwendeten Methode bedeutenden Schwankungen unterliegen können. Diese Abweichungen sind nicht gleichmäßig, sondern bei den einzelnen Gerbstoffen sehr verschieden.

Es müssen daher zur Auswertung der Analyse alle Zahlen in Betracht gezogen werden, hauptsächlich jene, welche zusammen 100 ergeben, denn diese stehen zu einander in einer bestimmten Beziehung.

Unbedingt muß verlangt werden, daß in jedem Protokoll besonders bei den Werten für die Nichtgerbstoffe und unlösliche Stoffe ausdrücklich angeführt wird, nach welcher der beschriebenen Methoden sie ermittelt wurden.

In den folgenden Abschnitten soll dem Leser an der Hand einiger der Praxis entnommenen Beispiele gezeigt werden, welche Differenzen und aus welchen Gründen bei der Analyse der verschiedensten Materialien vorkommen können. Weiters soll angedeutet werden, wie man durch fachmännische Beurteilung aller Analysenzahlen erkennen kann, ob diese Differenzen durch schlechtes Ziehen oder Aufbewahren des Musters, ob durch Fehler in der Analyse (und bei welcher Bestimmung) oder aus anderen Gründen verschuldet wurden. Unterschiede im Gerbstoffgehalt können verursacht werden:

a) durch Verwendung verschiedener Methoden zur Nichtgerbstoffbestimmung,
b) durch Verwendung verschiedener Methoden zur Bestimmung der unlöslichen Stoffe,
c) durch Fehler des Chemikers bei der Bestimmung der Nichtgerbstoffe oder unlöslichen Stoffe nach der gegebenen Methode,
d) durch unrichtiges Bemustern des vorliegenden

Materials und durch mangelhafte Aufbewahrung des Musters.
e) durch Verschiedenheit der Muster (d. i., sobald dem Laboratorium ein gänzlich anderes Muster überwiesen wurde als dem Kontrolllaboratorium).

α) **Unterschiede zwischen den Ergebnissen der Schüttel- und Filtermethode.**

Aus der Beschreibung der Grundsätze dieser beiden Methoden (siehe die weiter unten angeführte Tabelle) ist ersichtlich, daß bei der Nichtgerbstoffbestimmung die Filtermethode niedrigere, die Schüttelmethode höhere Resultate ergibt. Diese Differenzen sind bei einigen Gerbstoffen unmerklich, bei anderen wiederum bedeutend, wie die folgende Tabelle zeigt, in welcher die Durchschnittswerte von vielen hundert in unseren Laboratorien in den Jahren 1920—1927 durchgeführten Analysen der geläufigsten Gerbmittel zusammengestellt wurden.

	Filter Methode		Schüttel-Methode		Unlösliche Stoffe	Wasser
	Gerbstoffe	Nicht Gerbst.	Gerbstoffe	Nicht Gerbst.		
Fichtenrinde	13,4	6,3	11,8	7,9	65,8	14,5
Mangroverinde	43,2	7,1	41,7	8,6	35,2	14,5
Valonea	31,2	8,2	28,7	10,7	46,1	14,5
Trillo	43,7	10,4	40,9	13,2	31,4	14,5
Extrakte:						
Kastanien, flüssig	41,0	8,0	38,2	10,8	1,0	50,0
Kastanien, fest	64,0	15,5	61,8	17,7	2,5	18,0
Fichtenrinde, flüssig	28,7	15,2	22,9	21,0	1,2	54,9
Fichtenrinde, fest	54,4	23,4	44,2	33,6	1,5	20,7
Eichenholz, flüssig	44,6	19,5	39,8	24,3	0,7	35,2
Eichenholz, fest	60,8	20,7	55,9	25,6	1,4	17,1
Gambir, teigig	51,8	14,2	41,9	24,1	3,4	30,6
Quebracho, sulfit., flüss.	39,2	4,1	38,5	4,8	0,1	56,6
Quebracho, sulfit., fest	71,0	6,8	69,2	8,6	0,3	21,9
Quebracho, fest, nichtsulfitiert	66,0	3,4	64,8	4,6	8,5	22,1

Der Tabelle ist zu entnehmen, daß bei einigen Gerbstoffen die Differenzen zwischen Filter- und Schüttelmethode durchaus verschwindend sind. So überschreiten diese beispielsweise bei hochprozentigen Quebrachoextrakten nicht einmal die zulässige Fehlergrenze (2,5% des Gerbstoffgehaltes). Umgekehrt betragen die Abweichungen bei Extrakten von Eiche, Fichte, Gambir, wo sie am größten sind, bis 20% und mehr der gefundenen Gerbstoffwerte.

Bei ein und derselben Gerbstoffgattung sind diese Unterschiede ziemlich konstant. Trotzdem muß jedoch ein mechanisches Umrechnen der nach einer Methode erhaltenen Ergebnisse auf Resultate einer anderen, wie dies zeitweise geschieht, als sehr bedenklich und für Schiedsanalysen als durchaus unzulässig bezeichnet werden.

b) **Unterschiede in den Ergebnissen bei der Bestimmung der unlöslichen Stoffe.**

Hier sind Unstimmigkeiten um vieles gefährlicher als bei der Bestimmung der Nichtgerbstoffe, da gewöhnlich sehr schwer ihre Ursache ermittelt werden kann (die nicht nur in der Bestimmung selbst, sondern auch in der verschiedenen Herstellung der Lösung, Art der Abkühlung etc. liegen kann). Oft entstehen auch bei völlig richtigem Arbeiten des Chemikers Unterschiede zwischen zwei Analysen als Folge unkontrollierbarer Fehler des Filtrationsmateriales etc. Jede Differenz im gefundenen Prozentgehalt an Unlöslichem tritt selbstverständlich als gleich großer Fehler in den Gerbstoffprozenten auf.

Es soll die am Beginn dieses Kapitels bei der Aufstellung des Protokollmusters angeführte Analyse auch hier als Beispiel herangezogen werden.

Die Untersuchung ergab 68,6% Gerbstoffe und 4,5% Unlösliches.

Hätte bei der Analyse des gleichen Musters ein anderer Chemiker folgende Resultate erhalten:

Gerbstoffe 72,7%
Nichtgerbstoffe 11,4%
Unlösl. Stoffe (Filtration m. Papier) 0,4%
Wasser 15,5%

so ist auf den ersten Blick zu ersehen, daß es sich um

den gleichen Gerbstoffgehalt handelt, die Abweichung der zweiten Analyse jedoch dadurch verursacht wurde, daß entgegen der Vorschrift nur durch Filtrierpapier filtriert wurde (was oft in jenen Laboratorien vorkommt, welche in der Gerbstoffanalyse keine spezielle Erfahrung besitzen).

Aber auch bei richtig durchgeführten Analysen können durch Verwendung verschiedener Filtrationsmethoden **große** Fehler entstehen. Die früher angeführten zwei Methoden, die offizielle (mit Papier und Kaolin) und die Filtration mit Berkefeld-Kerzen geben manchmal bis zu mehreren Prozenten[1]) verschiedene Ergebnisse, welchen Abweichungen auch im gleichen Verhältnis der entsprechende Gerbstoffwert unterworfen ist. Sobald bei zwei differierenden Analysen die jeweilige Gesamtsumme (Gerbstoffe + Unlösliches) gleich groß ist, sind die Abweichungen wahrscheinlich auf eine verschieden erfolgte Bestimmung des Unlöslichen zurückzuführen.

c) **Durch Fehler des Chemikers bei der Analysendurchführung verursachte Unterschiede.**

Diese Fehler machen sich hauptsächlich bei der Bestimmung der Nichtgerbstoffe und unlöslichen Stoffe geltend. Wichtig ist, ob es sich wie festgestellt werden kann, tatsächlich um einen Fehler des Analytikers handelt, oder dieser durch anderweitige Umstände verursacht wurde, welche im Absatz a), b) oder d), e) behandelt werden.

Als Beispiel soll wieder die im Protokollmuster beschriebene Analyse angeführt werden, welche folgende Ergebnisse zeigte:

Gerbstoffe . . . . 68,6 %
Nichtgerbstoffe (Filtermethode) . . . . . 11,4 %
Unlösliche Stoffe (mittels Berkefelder Kerze) 4,5 %
Wasser . . . . 15,5 %

Ferner soll angenommen werden, daß ein anderes Laboratorium bei der Analyse des gleichen Extraktmusters nach den gleichen Methoden folgende Resultate bekanntgibt:

---

[1]) Ueber die nach den neuen Vorschriften der offiziellen internationalen Methode erhaltenen Ergebnisse liegt bis jetzt zu wenig Versuchserfahrung vor.

Gerbstoffe 61,1%
Nichtgerbstoffe 18,9%
Unlösliche Stoffe 4,5%
Wasser 15,5%

Der bedeutende Unterschied im Gerbstoffgehalt wird durch das verschiedene Ergebnis der **Nichtgerbstoffbestimmung** verursacht. Zur Beurteilung, ob dieser Umstand als Folge eines Analysenfehlers oder einer Untersuchung von ungleichen Mustern anzusehen ist (siehe Absatz d.) diene folgendes: Da bei der Bestimmung von Wasser und Unlöslichem nach beiden Analysen völlig gleiche Werte gefunden wurden und infolgedessen die Summe Gerbstoffe + Nichtgerbstoffe = Gesamtmenge an löslichen Stoffen bei beiden Analysen gleich groß ist, muß geschlossen werden, daß die analysierten Muster die gleichen sind und bei einer dieser Analysen ein Fehler oder Irrtum in der Durchführung begangen wurde. Bei welcher von beiden dies der Fall war, muß durch eine Wiederholung der Untersuchung festgestellt werden.

Ueber die Fehler in der Bestimmung des Unlöslichen wurde im Abschnitte b) berichtet.

d) **Durch unrichtiges Bemustern oder Aufbewahren verursachte Unterschiede.**

Soferne Bemusterung und Aufbewahrung nicht nach den in der Einleitung zu Kapitel II gegebenen Vorsichtsmaßregeln vorgenommen wurden, können verschiedene Muster des gleichen Materials, verschiedene Zusammensetzung aufweisen, besonders dann, wenn das eine Muster, an Gerbstoff reicheren (unbeschädigten) Anteilen entnommen wurde, das andere aus ärmeren (beispielsweise beschädigten, in der Nähe der Packung befindlichen, Teilen usw.). Aus den Analysen läßt sich die Ursache dieser Unterschiede gewöhnlich nicht herausfinden und oftmals gewinnt man den Eindruck, als wenn es sich bei jeder Untersuchung um ganz verschiedenes Material handelte (siehe Abschnitt e).

Wurde das Durchschnittsmuster richtig gezogen und in gleichartigen Musterproben auf die einzelnen Untersuchungen aufgeteilt, können Differenzen durch abweichendes Aufbewahren der

Proben entstehen, was sich meistens durch den veränderten Wassergehalt kundgibt.

Zum Beispiel: Der im Protokollmuster beschriebene Extrakt wurde in einem anderen Laboratorium nach den gleichen Methoden mit folgenden Ergebnissen analysiert:

Gerbstoffe 62.1%
Nichtgerbstoffe 10,3%
Unlösliches 4,1%
Wasser . . . . 23,5%.

Wenn wir diese Ergebnisse auf einen Wassergehalt von 15,5%, welcher laut Protokollmuster festgestellt wurde, umrechnen, erhalten wir völlig übereinstimmende Zahlen. Das beweist, daß ein Muster schlecht aufbewahrt wurde, und vor der Analyse **Feuchtigkeit aufnahm** (oder im Gegenteil das zweite Muster im allzutrockenen Medium vor der Analyse Wasser verlor; dieser zweite Fall ist bei der merklichen Hygroskopizität der Extrakte weniger wahrscheinlich).

Bisweilen kann gleichzeitig mit der Aenderung der Feuchtigkeit auch eine tiefer greifende Verschlechterung des Musters und damit Abweichungen im Gehalt an' unlöslichen Stoffen, Aenderung der Farbe, ja sogar auch des Nichtgerbstoffgehaltes Hand in Hand gehen. So entsteht beispielsweise bei flüssigen Extrakten oft eine Erhöhung der Acidität durch Gärung, was ein Ansteigen des Gehaltes an unlöslichen Stoffen zur Folge hat.

e) **Woran erkennt man, daß die Unterschiede in den Analysenergebnissen zweier Laboratorien durch völlige Verschiedenheit der vorgelegten Musterproben verursacht wurden?**

Genügend oft ergibt sich, als Folge einer Vernachlässigung und bisweilen vielleicht auch absichtlich die Möglichkeit, daß in Fällen von Streitigkeiten dem Kontrollaboratorium ein Schiedsanalysenmuster zugesandt wurde, welches einer anderen Partie des Gerbmittels entnommen wurde oder schließlich einem gänzlich verschiedenen Material, als die vorher gelieferten Muster. Die Differenzen in den Ergebnissen werden gewöhnlich als ein Verschulden durch Analysenfehler dahin gestellt. Soll in einem solchen Falle die Ursache der Abweichungen ermittelt werden, **so muß man sich vor allem davon überzeugen, daß alle verglichenen Analysen nach denselben Methoden und den gleichen Vorschriften durchgeführt wurden.**

Ist dem so, widmet man seine Aufmerksamkeit dem bei den verschiedenen Untersuchungen festgestellten Wassergehalt. Ist dieser nicht gleich, **rechnet man alle Analysendaten auf den niedrigsten gefundenen Wassergehalt um.**

Die so errechneten Daten werden dann zur Ermittlung einiger Werte herangezogen, welche das vorgelegte Muster zu charakterisieren gestatten. So bestimmt man beispielsweise folgende Gesamtmengen:
Gerbstoffe + Nichtgerbstoffe = Gesamtlösliches.
Unlösliches + Gerbstoffe.

Weiters vergleicht man jegliche Nebenbestimmungen, bei welchen sich voraussetzen läßt, daß ein Fehler nicht so oft auftritt, beispielsweise den Gehalt an Asche, an direkt reduzierendem Zucker, das spezifische Gewicht, die tintometrischen Angaben. Gleichzeitig beachtet man auch die Beschreibung der Muster, deren verschiedenes Aeußere ebenfalls verraten kann, daß sie verschiedenem Material entstammen.

Aufgrund dieser Feststellungen kann dann der Chemiker mit praktischen Erfahrungen in der Mehrzahl der Fälle mit genügend großer Sicherheit entscheiden, ob die Differenzen in den Analysenergebnissen nicht vielleicht durch völlige Verschiedenheit der vorgelegten Musterproben verursacht wurden.

Ein Beispiel geben die folgenden zwei Analysen, von welchen II auf den Wassergehalt der ersteren umgerechnet wurde:

I. (siehe Protokollmuster).	II. Andere Analyse des Musters, welche mit 1 übereinstimmen soll.
I. Beschreibung des Musters	
fester, stückiger Extrakt, braunrote Farbe; die Stücke sind hart, porös, rd. ⅓ der Menge ist etwas weich (plastisch).	fester, stückiger Extrakt, braunrote Farbe; alle Stücke sind brüchig, trocken, sodaß sie durch schwache Erschütterung zu Sand zerfallen.

11. **Physikalische Untersuchung:**

Spez. Gewicht (Pyknometer) .	1,081	Spez. Gewicht .. 1,103

III. **Chemische Analyse.**

Gerbstoffe	68,6%	73,3%
Nichtgerbstoffe (Filtrationsmethode)	11,4%	10,6%
Unlösliches (mittels- Berkefelder Kerze) ..	4,5%	0,6%
Wasser	15,5%	15,5%
	100,0%	100,0%
Asche	1,4%	0,35%
Reduzierender Zucker	2,8%	4,1%
Gesamtzucker ..	3,9%	nicht bestimmt
Säuren titrimetrisch	0,6%	0,3%

Farbe der analytischen Lösung nach Lovibond

gelb	14,5	16,
rot	13,2	4,5
schwarz	0,8	0,6

Zunächst könnte man urteilen, daß die Differenz im Gerbstoffgehalt durch eine Abweichung (Fehler) bei der Bestimmung des Unlöslichen verursacht wurde. (Analyse I zeigt um 4,7% Gerbstoff weniger, aber um 3,9% Unlösliches mehr, was praktisch im Einklang stünde.)

Im Gegensatz dazu muß man jedoch aus den grundsätzlich abweichenden Angaben über Verhalten, Dichte, Brüchigkeit, Farbe, Aschengehalt etc. den Schluß ziehen, daß beide Musterproben ganz verschiedenen Extrakten entnommen wurden.

* * *

Benutzte Literatur.

Die unten angeführten größeren Sammelwerke sind zum Studium des Problemes der Gerbmittelanalyse zu empfehlen, wobei aber aufmerksam gemacht werden muß, daß die in ihnen enthaltenen Methoden und Vorschriften veraltert sind. Weiters sind diejenigen Originalarbeiten angeführt, welche im Texte zitiert wurden.

H. R. Procter: Leather Industries Laboratory Book on Analytical and experimental methods. 1908. London. E. and F. N. Spon.

Taschenbuch für Gerbereichemiker und Lederfabrikanten, 1921, Verlag T. H. Steinkopff, Dresden.

Procter-Paeßler: Leitfaden für gerbereichemische Untersuchungen. Verlag Springer, Berlin, 1901.

Grasser: Handbuch für gerbereichemische Laboratorien, 1922, Verlag P. Schulze, Leipzig.

Abderhalden: Biochemisches Handlexikon, Abt. 1., Teil 10. 1911. Verlag Springer, Berlin.

Dekker: Die Gerbstoffe, 1913, Verlag Gebrüder Borntraeger, Berlin.

V. Kubelka a B. Köhler: Zu den Gerbstoffanalysen, I. Coll. 1921, S. 77.

V. Kubelka a F. Berka: Zu den Gerbstoffanalysen, II. Coll. 1922, S. 85.

V. Kubelka a B. Köhler: Zu den Gerbstoffanalysen, III. Coll. 1922, S. 167.

Dr. L. Pollak: Beiträge zur Gerbstoffanalyse unter spezieller Berücksichtigung von Gambirextrakt, Coll. 1922, S. 125.

Dr. L. Pollak: Filtermethode und Schüttelmethode, Zeitschrift f. Leder- und Gerbereichemie, Band II. S. 96. 1922.

V. Kubelka a J. Wagner: Bestimmung des Säuregehaltes der Gerbbrühen, Coll. 1924, S. 41.

V. Kubelka: Le Netoyage de la Bougie Berkefeld. Journal of S. L. T. C. 1923. Coll. 1924, S. 87.

V. Kubelka a E. Bělavský: L'Utilisation de la Bougie Berkefeld pour la Filtration des Solutions Tanniques. (Journal S. L. T. C. 1924. Page 203.)

Definition und Bestimmungsmethode der sog. unlöslichen Stoffe in den Gerbstoffextrakten: I. Coll. 1925, S. 75, II. Coll. 1925, S. 111, III. Coll. 1925, S. 247.

*

Zahlreiche Arbeiten über die Entwicklung der Methoden zur Bestimmung der Gerbstoffe enthalten alle Jahrgänge nachstehender Zeitschriften:

Collegium, Der Gerber, Journal of the Society of Leather Trades Chemists u. Journal of the American Leather Chemists Association.

Verlag von Julius Springer / Wien

Die Chromlederfabrikation. Von M. C. Lamb, Mitglied der „Chemical Society", Chemiker und Sachverständiger für das Ledergewerbe, Direktor des „Light Leather Departement" und des „Leathersellers' Company's Technical College" (London). Übersetzt und den deutschen Verhältnissen angepaßt von Dipl.-Ing. Ernst Mezey, Gerbereichemiker. Mit 105 Abbildungen. X, 268 Seiten. 1925.
Gebunden RM 20,—

Handbuch der Chromgerbung samt den Herstellungsverfahren der verschiedenen Ledersorten. Von Ing. Chem. **Josef Jettmar.** Dritte, verbesserte Auflage, durchgesehen von Dr. phil. Ing. Georg Grasser, Dozent der Technischen Hochschule Wien und Mitglied des Österreichischen Patentamtes. VII, 581 Seiten. 1924. Gebunden RM 40,—

Die praktische Chromgerberei und Färberei. Ratgeber für die Lederindustrie insbesondere für Fabrikanten, Leiter, Gerber, Färber und Zurichter. Von C. R. Reubig, Fabrikdirektor und Gerber. IV, 76 Seiten. 1926. RM 3,60

Die Rolle der Chromgerbung in der deutschen Lederindustrie. Von Dr. Mathias Sommer. Mit 10 Abbildungen. 69 Seiten. 1927. RM 3,—

Die Rohmaterialien des Gerbers, ihre Eigenschaften und Verwendung. Von Dr. phil. Ing. Georg Grasser, Dozent der Technischen Hochschule Wien und Mitglied des Österreichischen Patentamtes. XIII, 204 Seiten. 1923.
Gebunden RM 10,—

Lederfärberei und Lederzurichtung von M. C. Lamb. Zweite deutsche Auflage. (Autorisierte Übersetzung der dritten englischen Auflage). Von Dr. Ludwig Jablonski (Berlin). Mit 218 Textabbildungen und 10 Tafeln mit Lederproben. VIII, 368 Seiten. 1927. Gebunden RM 33,—

Beiträge zur Gerbstoffversorgung. Aus englischen Quellen des „Bulletin of the Imperial Institute" übersetzt und mit einer Einleitung und Fußnoten versehen von Doktor phil. Ing. Leopold Pollak (Aussig a. E.), Privatdozent für Gerbstoff- und Lederindustrie an der Deutschen Technischen Hochschule, Prag. (Erweiterter Sonderabdruck aus „Der Gerber" 54. Jahrgang, 1928.) XIV, 87 Seiten. 1929. RM 5,50

Verlag von Julius Springer / Wien

Einführung in die Gerbereiwissenschaft. Leitfaden für Studierende und Praktiker. Von Univ.-Prof. Dr. **Georg Grasser,** Leiter des Institutes für Gerbereiwissenschaft an der Kaiserlichen Hokkaido-Universität Sapporo (Japan). Mit 22 Abbildungen und 52 Tabellen. VIII, 173 Seiten. 1928.
RM 12,—

Die physikalisch-chemischen Grundlagen der Lederfakrikation in elementarer Darstellung. Von Dipl.-Ing. **N. P. Kostin.** Vom Verfasser bis zur Neuzeit ergänzte deutsche Ausgabe. Übersetzt von Ingenieur L. Keigueloukis und Dipl.-Ing. R. Schunck. Mit 18 Tabellen und 29 Abbildungen. 128 Seiten. 1928. RM 10,—

Die moderne Chemie in ihrer Anwendung in der Lederfabrikation. Von **John Arthur Wilson,** Chef-Chemiker der Firma A. F. Gallun & Sons Co., Milwaukee, Vorsitzender der „Leather Division" der American Chemical Society. Vom Verfasser genehmigte und von ihm bis zur Neuzeit ergänzte deutsche Ausgabe. Übersetzt von Dr. Hermann Loewe. Mit 178 Abbildungen und 48 Tabellen. VII, 404 Seiten. 1926. Gebunden RM 30,—

Handbuch für gerbereichemische Laboratorien. Von Dr. phil. Ing. **Georg Grasser,** Universitätsprofessor, Dozent der Technischen Hochschule Wien und Mitglied des Österreichischen Patentamtes, derzeit Vorstand des Institutes für Gerbereiwissenschaft an der Kaiserlichen Hokkaido-Universität Sapporo (Japan). Dritte, neu bearbeitete Auflage. Mit 49 Abbildungen im Text und 5 Tafeln. XII, 434 Seiten. 1929. Gebunden RM 29,—

Die dritte Auflage des Handbuches entspricht dem raschen Aufschwung, den die Laboratoriumsbetätigung und die Lederforschung auf dem Gebiete der Gerbereichemie zur Folge hatten. Die Analyse der einzelnen Stoffe wurde durch neue Methoden ergänzt, wie auch das Tabellenmaterial erweitert wurde.

Die Gerbextrakte. Eigenschaften, Herstellung und Verwendung. Von **Peter Pawlowitsch,** Direktor des wissenschaftlichen Lederforschungsinstitutes in Moskau, Dozent des Chemisch-Technologischen Mendelejew-Institutes, Technischer Leiter der Aktiengesellschaft „Dubitel" für den Bau der Extraktfabriken. Mit 107 Abbildungen im Text und 58 Tabellen. VII, 248 Seiten. 1929. RM 23,—

MIX
Papier aus verantwortungsvollen Quellen
Paper from responsible sources
FSC® C105338

If you have any concerns about our products,
you can contact us on
ProductSafety@springernature.com

In case Publisher is established outside the EU,
the EU authorized representative is:
**Springer Nature Customer Service Center GmbH
Europaplatz 3, 69115 Heidelberg, Germany**

Printed by Libri Plureos GmbH
in Hamburg, Germany